ORGANIC CHEMISTRY

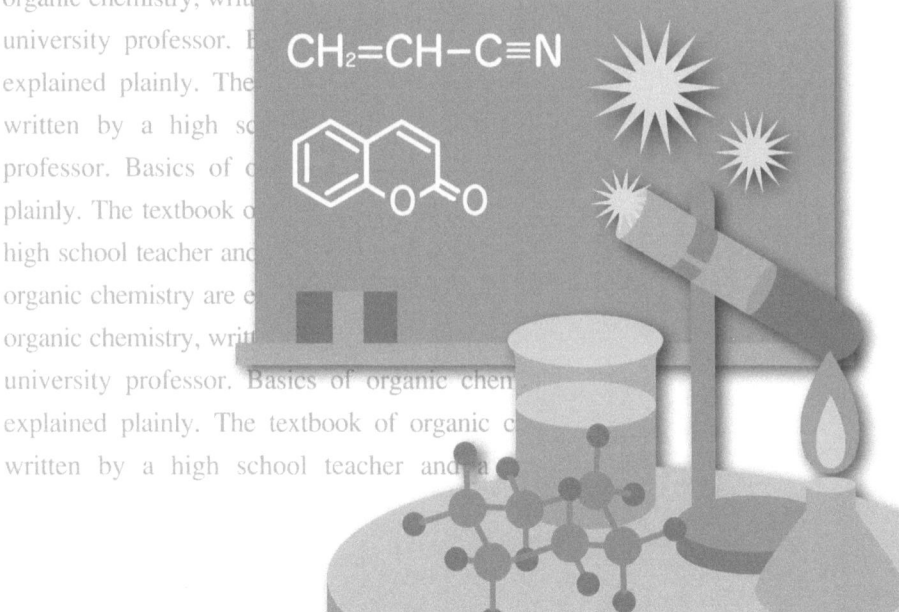

大学への橋渡し 有機化学

宮本 真敏・斉藤 正治【共著】

The textbook of organic chemistry, written by a high school teacher and a university professor. Basics of organic chemistry are explained plainly. The textbook of organic chemistry, written by a high school teacher and a university professor. Basics of organic chemistry are explained plainly. The textbook of organic chemistry, written by a high school teacher and a university professor. Basics of organic chemistry are explained plainly. The textbook of organic chemistry, written by a high school teacher and a university professor. Basics of organic chemistry are explained plainly. The textbook of organic chemistry, written by a high school teacher and a university professor. Basics of organic chemistry are explained plainly. The textbook of organic chemistry, written by a high school teacher and a

化学同人

「大学への橋渡しシリーズ」刊行にあたって

　高等学校で十分に化学を学ばずに理系学部・学科に進学する学生の増加が懸念されて久しい．さらに，現行の高等学校学習指導要領によると，高等学校「化学基礎」の単位数が減少し，「化学」の一部分野は選択制になっている．この指導要領のもとで高等学校教育を受けた学生の大学への入学時期が2006年であり，これが2006年問題と呼ばれていることはご存じであろう．

　大学への橋渡しシリーズは，上記のような大学教育が迎える状況をふまえたうえで，大学教育の質的確保が最重要課題であるという認識のもとに編纂されている．シリーズとして「一般化学」「有機化学」「生化学」の3種類を用意し，あらゆる学習形態に対応できるようにした．

　本シリーズは，大学1年生に行われる導入レベルの授業を念頭において執筆されたものであるが，高校課程の内容を教える，いわゆる「補講」にも対応可能である．また，基礎的内容に限定しているが，専門課程につながるように意図されている．

　本シリーズの具体的な特色はつぎの通りである．

◆高校・大学それぞれの教員による緻密なコラボレーション

　準備段階において，高校・大学それぞれの立場からつきつめた議論と検討を行い執筆を開始した．執筆過程でもさらに意見を交換することにより，「高等学校の化学」と「大学基礎レベルの化学」のギャップや重複を克服した．このことにより，学習者がスムーズに大学基礎レベルの「化学」まで到達し，それを習得することが可能となった．

◆高等学校「化学基礎・化学」の知識を前提としない内容構成

　高校で「化学基礎」しか履修していない学生，さらには高校で化学をまったく学習せずに入学する学生でも十分に対応できるよう，「高等学校の化学の知識を前提としない」というコンセプトのもとで執筆した．ただし，たんに高等学校の「化学基礎・化学」の内容を網羅的に配列するのではなく，あくまで大学で学ぶ「化学」の基礎となる内容に絞り，学習者・指導者の多様な要求に応えるようにした．また，数式による説明はできるだけ避け，一部は欄外の「one rank up !」にゆずるなど，なるべく数学的知識を前提とせず読めるよう執筆した．

◆豊富なたとえ話と例題

　学習の目的や位置づけを見失うことのないよう，身近な内容の「たとえ話」を随所に用いた．また，学習内容を定着させるために多くの例題を配置した．それぞれの例題には懇切な解答と解説を添え，学習者の便宜を図った．さらに章末問題ではやや広い視野での問題を扱い，応用力の養成を意図した．

著　者

はじめに

　大学への橋渡しシリーズのうちの一冊である本書「有機化学」は，高校で化学をまったく，もしくはほとんど学んでない者が，大学や短大で有機化学に関連する学問を本格的に学ぶ前に，その基礎知識となる事柄を学ぶためのテキストである．本書は，大学初年次に行われる有機化学の導入レベルの講義のテキストとして使用されることを念頭において執筆されたものであるが，いわゆる補講のテキストとしても使える．

　高校で学ぶ「化学」のなかで，有機化学は高校と大学とのギャップがもっとも大きい分野である．高校で学ぶ有機化学では最小限の内容を暗記することが求められるが，大学で学ぶ有機化学では取り扱う化合物が著しく増え，暗記ではもはや対応できないため，基礎的な事項を理解することが求められている．本書ではそのギャップを埋めるために，「**高校の有機化学の内容を大学の視点から学ぶ**」ことを目的として執筆された．

　このため本書では，原子軌道や分子軌道の概念を取り入れ，また電子効果や立体効果も取り扱っている．とくに，大学で原子の構造を学ぶときに必ず生じる，電子殻の概念と軌道の概念の衝突がもたらす混乱を避けるため，本書では，K殻などの電子殻に関する用語は一切使用せず，1s, 2sなどの原子軌道を用いた表記に統一した．また有機化合物の名称も，高校の有機化学では慣用名を使うが，本書ではIUPAC名と慣用名を併記した．

　一方で，本書に取りあげられている項目はあくまでも高校の化学基礎，化学で取り扱われている範囲であり，このため初歩的な有機化学のテキストでも必ず含まれている求核置換反応の機構(S_N1, S_N2)にはまったく触れられていない．ただし，高校では取り扱われていないハロゲン化アルキルと脂肪族アミンについては内容を追加した．

　高校で化学基礎，化学を学び，大学に合格して，今後さらに有機化学に関連する学問を学んでいく学生諸君がこの本を一読していただけたなら，高校で学んできた有機化学がたんなる暗記物ではなく，実は系統立てられた学問であることがおわかりいただけることと思う．

　本書の執筆にあたり，化学同人編集部　大林史彦氏には，本書が目指すコンセプトの形成の際に貴重な助言をいただき，また原稿執筆の際にも高校と大学での化学教育上の問題点を把握された的確な示唆をいただき，編集にも尽力されました．深く感謝いたします．

2006年4月

著　者

目　次

1章　化学の基礎と原子の構造　　1

1.1　混合物と純物質の違い　……………　1
　　空気も海水も混合物　1
　　純物質とその分離　1
　　化合物と単体を区別する　1
1.2　元素と原子の違いを理解する　………　3
　　元素は化学の基本　3
　　同じ元素からできているのが同素体　3
　　元素は原子の種類を表す　4
　　原子を構成する粒子たち　4
1.3　原子にかかわるさまざまな概念　………　4
　　元素の種類を表す原子番号と，重さを表す質量数　4
　　同じ元素だが重さが違うのが同位体　5
　　平均の重さを示す原子量　5
　　アボガドロ数をひとまとまりで考える　6
　　モルは化学の基本単位　7
1.4　電子配置が原子の性質を決める　………　8
　　軌道の種類と特徴　8
　　それぞれの軌道に入る電子の数　9
　　軌道には位相がある　10
1.5　元素の周期律とイオン　……………　10
　　周期律　10
　　周期表を見れば元素の性質がわかる　11
　　陽イオンと陰イオン　11
　　電子を取るのに必要なイオン化エネルギー　12
　　電子を取り入れると放出される電子親和力　13
　　元素のおおまかな性質　13
章末問題　15
コラム　さまざまなところに見られる周期律　13

2章　化学結合　　17

2.1　原子が集まって分子ができる　…………　17
　　分子は物質としての最小単位　17
　　分子の形成と電子配置　17
　　オクテット則で結合を理解する　18
　　電子対を線で表す価標　20
　　分子量　20
　　モル濃度は物質量を使った濃度の単位　21
2.2　共有結合を分子軌道から考える　………　21
　　分子軌道は分子の形を予測できる　21
　　水素分子の分子軌道　22
　　フッ素分子の分子軌道　23
　　水分子の分子軌道　24
　　窒素分子に見られるπ結合　24
　　酸素分子の分子軌道　25
　　結合エネルギー　25
2.3　原子軌道の混成から分子の形を理解する
　　………………………………………　26
　　s軌道とp軌道が混成しsp^3混成軌道ができる　26
　　アンモニアに見られる混成軌道　28
　　エタン分子の形　29
　　三つの軌道が混成してsp^2混成軌道ができる　29
　　s軌道一つとp軌道一つでsp混成結合がつくられる
　　　31
　　結合距離　31
　　一つの原子が二つの電子をだす配位結合　32
　　電子対を引きつける強さを示す電気陰性度　33
2.4　静電気力で結びつくイオン結合　………　34
　　イオン結合と組成式　34

イオン結合と共有結合　35
2.5　共有結合やイオン結合よりも弱い結合
　　　……………………………………… 35
　物質の状態が結合に影響する　35
　ファンデルワールス力　36
　極性分子と無極性分子　36
　水素結合で極性分子が結びつく　37
　化学結合と物質の性質　39
2.6　酸と塩基の性質 ……………………… 39
　酸性と塩基性　39
　酸と塩基の最初の定義　40
　中和反応により塩が生じる　40
　酸・塩基の定義の拡張　40
　ルイスの定義　42

章末問題　43
コラム　さまざまな性質を示すフラーレン　27
コラム　水素結合の不思議　38

3章　有機化合物の特徴と構造　45

3.1　有機化合物の多様性 ……………… 45
　どうして有機化合物は種類が多いのか　45
3.2　炭化水素を基本に有機化合物を分類する
　　　………………………………………… 47
　炭化水素はもっともシンプルな有機化合物　47
　化合物の性質を決める官能基　47
　示性式を見れば化合物の性質がわかる　48
　分子式は同じだが構造が違う異性体　49
3.3　アルカンは有機の基本となる化合物 … 49
　アルカンとは　49
　アルカンの性質　50
　構造式の表し方　51
　アルカンの名前のつけ方　52
　炭素骨格の基本となるアルキル基　53
　枝分かれのあるアルカンの名前のつけ方　53
3.4　シクロアルカンは環状の化合物 …… 55
　シクロアルカンの分子式と構造　55
3.5　アルケンとアルキン ………………… 56
　二重結合をもつアルケン　56
　アルケンの名前のつけ方　57
　シス-トランス異性体　58
　身のまわりにたくさんあるビニル基（エテニル基）
　　　58
　三重結合をもつアルキン　58

章末問題　59
コラム　有機化合物と無機化合物の違いをなくした
　　　　ウェーラーの大発見　57

4章　化学反応　61

4.1　化学反応式のつくり方 ……………… 61
　化学反応式の本質　61
　化学反応式のつくり方　62
　化学反応式と量的関係　63
4.2　反応が起これば反応熱が生じる ……… 64
　エネルギーの差が反応熱を生む　64
　結合のもつエネルギー　64
　結合エネルギーと反応熱の関係　65
4.3　代表的な有機反応の種類 …………… 66
　有機反応の分類のしかた　66
　反応の様式による分類　67
　結合の切断・生成の機構による分類　69
4.4　止まっているようだが動いている化学平衡
　　　………………………………………… 71
　反対にも進む可逆反応　71
　化学平衡とは見かけ上は反応が止まった状態　71
　平衡定数で平衡時の濃度を調べる　72
　弱酸の電離平衡　73
4.5　反応速度 ……………………………… 74
　反応速度の表し方　74
　反応速度と濃度は比例する　74
4.6　活性化エネルギー …………………… 75
　反応が起きる場合と起きない場合　75
　活性化エネルギーを超えると反応が起こる　76
　触媒の役割とそのしくみ　77
　触媒が活性化エネルギーを下げる　78

章末問題　79
コラム　フロンがオゾン層を破壊するしくみ　70
コラム　環境を守る光触媒　77

5章　炭化水素の反応　　81

5.1　アルカンの反応 …………… 81
　加熱による熱分解　81
　連鎖反応による塩素化　82
　燃焼によって大量のエネルギーが発生する　83
　反応の原料となる合成ガス　83

5.2　アルケンの反応 …………… 84
　二重結合が反応性の秘密　84
　つぎつぎつながる付加重合　84
　求電子付加反応　84
　アルケン類の酸化と還元　87

5.3　アルキンの反応 …………… 89
　二重結合と三重結合の反応性の違い　89
　求電子付加反応　89
　アルキンの還元反応　90

5.4　ハロゲン化アルキル …………… 90
　ハロゲン化アルキルの命名法　90
　ハロゲン化アルキルの求核置換反応　91
　ハロゲン化アルキルの脱離反応　92

章末問題　93

コラム　ノーベル賞に結びついたポリアセチレン　85

6章　芳香族炭化水素　　95

6.1　芳香族炭化水素 …………… 95
　ベンゼンの構造　95
　ベンゼンの安定化を支える共鳴構造　97
　芳香族化合物の命名法と性質　100

6.2　芳香族求電子置換反応 …………… 101
　ベンゼンは求電子置換反応が起きやすい　101
　ベンゼンのハロゲン化　102

　ベンゼンのニトロ化　103
　ベンゼンのスルホン化　104
　ベンゼンのアルキル化　104

6.3　芳香族炭化水素の酸化反応 …………… 104
　側鎖が酸化される　104

章末問題　106

7章　置換基効果　　107

7.1　誘起効果 …………… 107
　酸の強さと置換基の関係　107
　誘起効果と求電子付加反応　109
　誘起効果と求電子置換反応　110

7.2　共鳴効果 …………… 110
　軌道の相互作用による共鳴効果　110
　共鳴効果における電子供与基　111
　共鳴効果における電子求引基　112

7.3　ベンゼン環における電子効果の反応への影響 …………… 113
　電子供与基が求電子置換反応に与える影響　113
　電子求引基が求電子置換反応に与える影響　114
　ハロゲン置換基が求電子置換反応に与える影響　115
　置換基が求核置換反応に与える影響　116

7.4　立体効果が反応に及ぼす影響 …………… 117
　置換基の大きさが立体効果を決める　117

章末問題　118

8章　アルコール，フェノール，エーテル　　121

8.1　アルコールとフェノール …………… 121
　アルコールとフェノールの違い　121
　アルコールとフェノールの分類と命名法　121
　アルコールとフェノールの合成法　123
　アルコールの水素結合　124

8.2　アルコールの反応 …………… 125
　アルカリ金属との反応　125

　3種類の酸化反応　126
　脱離反応でアルケンが生成する　127
　縮合反応でエーテルが生じる　127

8.3　フェノールの反応 …………… 128
　フェノールは微酸性　128
　フェノールとアルカリ金属との反応　129
　求電子置換反応　130

8.4 エーテル ……………… 130
エーテルの構造と性質　130
エーテルの名前のつけ方　131
エーテルはあまり反応しない　131

章末問題　132
コラム　アルコールを使って電気をつくる——燃料電池　125

9章　カルボニル化合物　135

9.1 カルボニル基の性質 ……………… 135
さまざまなカルボニル化合物　135

9.2 アルデヒドの性質と反応 ……………… 136
アルデヒドの命名法　136
アルデヒドの合成と性質　137
アルデヒドの求核付加反応　139
アルデヒドの酸化反応　141

9.3 ケトンの性質と反応 ……………… 142
ケトンの命名法　142
ケトンの合成と性質　143
ケトンの求核付加反応　144

章末問題　146
コラム　悪酔いを科学する　141

10章　カルボン酸とその誘導体　147

10.1 カルボン酸の命名法と性質 ……… 147
カルボン酸の命名法　147
カルボン酸の性質　148
カルボン酸の酸としての強さ　149
それぞれのカルボン酸の性質　149
重なりそうで重ならない光学異性体　151

10.2 カルボン酸の反応 ……………… 152
カルボキシ基の反応性　152
二つの酸から水がとれた酸無水物　153

カルボン酸のエステル化　154

10.3 エステルの性質と合成法 ……………… 154
エステルの名前のつけ方　154
さまざまなエステルの合成　155
つぎつぎつながる重縮合　157
加水分解でカルボン酸に戻す　158

章末問題　158
コラム　日本の研究者が開発した不斉合成　151
コラム　土に埋めると分解されるプラスチック　157

11章　含窒素化合物　161

11.1 ニトロ化合物の性質と反応 ……… 161
ニトロ化合物の命名　161
ニトロ化合物の性質　161
ニトロ化合物の反応　162

11.2 アミンの定義とその反応 ……………… 163
アミンの定義と分類　163
アミンの名前のつけ方　163
アミンの性質　164
アミンの合成のしかた　165

顔料として利用されるアニリンブラック　166
ジアゾニウム塩も顔料となる　166

11.3 アミドの合成と性質 ……………… 168
アミドの定義とその合成法　168
アミドの名前のつけ方　169
アミドの塩基性　170
ポリアミドは身の回りで使われている　172

章末問題　173
コラム　さまざまな用途で用いられる尿素　171

付　録　IUPAC命名法について　175

参考文献　178

索　引　179

1章
化学の基礎と原子の構造

　パソコンの構造や働きを知るためには，各パーツに分解し，パーツそれぞれの作用や全体のつながりを調べなければならない．同じように，物質の性質や構造を知るには，物質を分離精製して性質を調べ，その一方で物質の基本成分の存在とそのしくみや働きを確認し，それらの結果を総合する必要がある．
　この章では，物質を分離精製する方法をまず学び，つぎに物質の基本成分である原子の構造について見ていこう．

1.1　混合物と純物質の違い

空気も海水も混合物

　自然界に存在する土や岩石などのような物質の多くは，何種類かの成分物質がいろいろな割合で混ざりあったものであり，このような物質を混合物という．たとえば，空気は図1.1のように窒素や酸素など成分物質の混合物であり，海水は図1.2のように塩化ナトリウムなどの成分物質が水に溶解した混合物である．

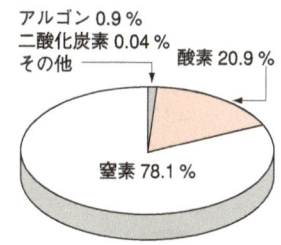

図 1.1　乾燥空気の組成
水蒸気は状況により含まれる量が異なるので省いてある．

純物質とその分離

　一方，窒素，酸素，塩化ナトリウムや水は1種類の成分物質からできており，そういう物質を純物質という．
　混合物から純物質を分離する方法には，蒸留（図1.3），ろ過（図1.4），昇華（図1.5），抽出（図1.6），再結晶，クロマトグラフィーなどがある．これらの分離方法は物理変化を用いる方法である．

化合物と単体を区別する

　純物質を詳しく調べると，電気分解などの化学的方法で2種類以上の成分（元素という）に分解できる塩化ナトリウムや水など（これらを化合物

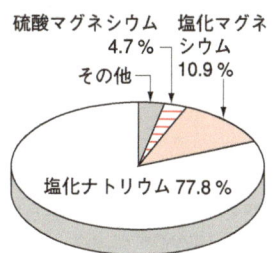

図 1.2　海水の溶質の組成
この場合水も成分物質の一つである．海水の合計塩分濃度は約3％である．

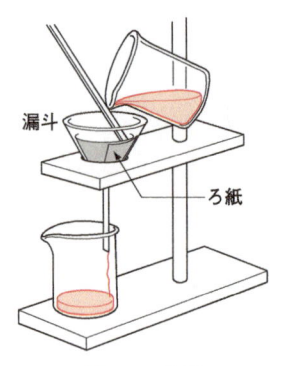

図 1.4 ろ過
液体と固体をこし分ける．

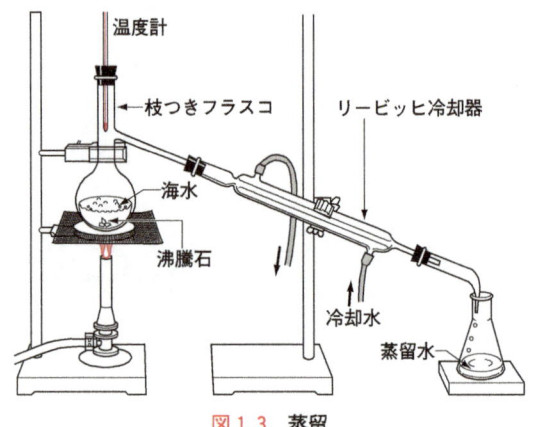

図 1.3 蒸留
成分物質間の沸点の差を利用して，沸点の低い方の物質を気体として取りだす．

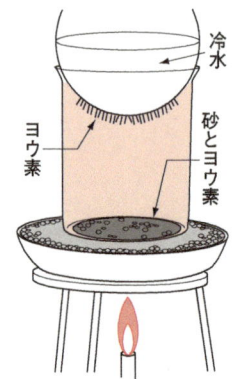

図 1.5 昇華
昇華性の有無を利用して，昇華性のある固体物質を気体として分離する．

図 1.6 抽出
特定の溶媒への溶解性の大小を利用して分離する．

いう）と，1種類の成分で構成され，分解できない窒素や酸素など（これらを**単体**という）とに分類することができる．つまり，単一の成分からできているのが単体，複数の成分からできているのが化合物である．化合物を単体に分解するには，電気分解（図1.7）などの化学変化を用いる必要がある．

例題1.1 つぎの物質について，混合物，純物質，化合物，単体に属するものをすべてあげよ．
①石油　②鉄　③水　④牛乳　⑤水素　⑥二酸化炭素　⑦アンモニア　⑧塩素　⑨塩酸　⑩硫酸

【解答】　混合物①④⑨　純物質②③⑤⑥⑦⑧⑩　化合物③⑥⑦⑩　単体②⑤⑧

《解説》　**混合物**：①石油は，炭化水素（炭素と水素からなる種々の化合物）の混合物である．④牛乳は，タンパク質や油脂などが溶けている混合物（水溶液）である．⑨塩酸は，塩化水素という化合物の水溶液である．その他の物質は純物質である．

化合物：③水は，水素と酸素の2種類の元素からできている．⑥二酸化炭素は，炭素と酸素の2種類の元素からできている．⑦アンモニアは，水素と窒素の2種類の元素からできている．⑩硫酸は，水素，酸素，硫黄の3種類の元素からできている．

単体：②鉄，⑤水素，⑧塩素は単体であり，いずれも1種類の成分からできている．

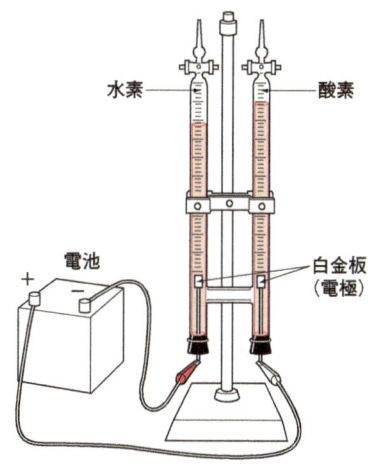

図 1.7 水の電気分解
電源の＋極につないだ電極を陽極，−極につないだ電極を陰極という．陽極から酸素，陰極から水素が発生し，その体積の比は，酸素：水素＝ 1：2 である．

1.2 元素と原子の違いを理解する

元素は化学の基本

物質の基本的な構成成分を**元素**という．化合物は 2 種類以上の元素からできている物質，単体は 1 種類の元素からできている物質ということもできる[*1]．元素は元素記号で表され，現在，109 種類の元素が確認されている（表 1.1）．また，物質を元素記号を用いて表したものを**化学式**という．

[*1] 元素の種類は後述の原子の種類に対応していると考えてもよい．

表 1.1 元素記号と元素名

元素名	元素記号	英語	元素名	元素記号	英語
水素	H	Hydrogen	塩素	Cl	Chlorine
ヘリウム	He	Helium	ナトリウム	Na	Sodium
炭素	C	Carbon	マグネシウム	Mg	Magnesium
窒素	N	Nitrogen	アルミニウム	Al	Aluminum
酸素	O	Oxygen	鉄	Fe	Iron
リン	P	Phosphorus	銅	Cu	Copper
硫黄	S	Sulfur			

同じ元素からできているのが同素体

同一の元素からできていても性質が異なる単体が存在する．これらを互いに**同素体**であるという．黒鉛とダイヤモンドやフラーレンがその例であ

る.

元素は原子の種類を表す

「元素」という言葉は何を表しているのだろう.元素は物質を構成する粒子(これを**原子**という)の種類を表す言葉である.逆に,元素としての性質を示す物質的な最小単位が原子であるともいえる.たとえば,単体の鉄の成分元素は鉄(Fe)であるが,具体的にはきわめて多数の鉄の原子が単体としての鉄を構成している(図1.8).すなわち「原子」は,さまざまな物質を構成している具体的な微粒子を表す言葉であるといえる.

図1.8 鉄の結晶構造
立方体の頂点と中心に鉄の原子が存在する.この構造の積み重ねで,鉄の結晶はできている.

原子を構成する粒子たち

元素を構成する粒子である原子それ自体は,何ら構造をもたないのであろうか[*2].そんなことはなく,原子はさらに分割される.図1.9のように,原子は中心に原子核をもち,その周囲を電子がまわっている.原子核は正電荷をもち,原子の質量の大半は原子核の質量である[*3].一方,電子は負電荷をもっている.

原子核はさらに分割でき,正電荷をもつ陽子と電荷をもたない中性子とから構成されている.陽子と中性子の質量はほぼ等しい.また,陽子と電子がもつ電気量は符号が反対で絶対値が等しい(表1.2).原子は全体として電気的に中性であるから,陽子と電子の数は等しいことになる.

以上のように,原子の構造は,陽子(電子)の数と中性子の数とで決まる.

☞ one rank up !
単体と元素

単体と元素とは混同しがちであるが,単体は具体的な物質(空気に含まれる窒素や酸素)そのものを,元素は構成成分(水の成分としての酸素)という概念を表している.

[*2] 原子はもともとそれ以上分割不可能な存在として想定された.ギリシャ語の原子を表すatomとは分割不可能という意味である.

[*3] 一般に原子核の大きさは電子の軌道の大きさの10^{-4}~10^{-5}倍である.

表1.2 原子を構成する基本粒子

粒子	電荷(C)	質量(g)	質量比
陽 子	$+1.602 \times 10^{-19}$	1.673×10^{-24}	1836
中性子	0	1.675×10^{-24}	1839
電 子	-1.602×10^{-19}	9.109×10^{-28}	1

Cはクーロンという電気量の単位.

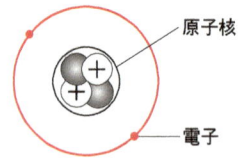

図1.9 原子のモデル

1.3 原子にかかわるさまざまな概念

元素の種類を表す原子番号と,重さを表す質量数

原子は,それがもつ陽子の数によって分類され,それぞれの原子がもつ陽子の数を**原子番号**という.逆にいうと,原子番号が異なれば元素が異なる(元素の周期表を参照)ということになる.

一方,陽子と中性子の数の合計を**質量数**という.電子は陽子や中性子に比べて非常に軽いため,陽子と中性子の質量の合計が原子の質量とほぼ等

原子番号と質量数を同時に表すには，図1.10のような方法を用いる．

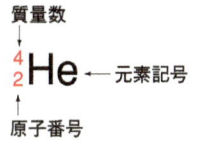

図1.10 原子番号と質量数の表し方

> **例題1.2** つぎの各原子の陽子数，中性子数，電子数を示せ．
> $^{16}_{8}O$ $^{14}_{7}N$ $^{35}_{17}Cl$ $^{12}_{6}C$ $^{27}_{13}Al$
>
> 【解答】
>
> | | 陽子数 | 中性子 | 電子 |
> |---|---|---|---|
> | $^{16}_{8}O$ | 8 | 8 | 8 |
> | $^{14}_{7}N$ | 7 | 7 | 7 |
> | $^{35}_{17}Cl$ | 17 | 18 | 17 |
> | $^{12}_{6}C$ | 6 | 6 | 6 |
> | $^{27}_{13}Al$ | 13 | 14 | 13 |
>
> 《解説》 与えられた原子はすべて電気的に中性であるから，陽子数（すなわち原子番号）と電子数は等しい．また，質量数は，陽子数と中性子数の合計であるから
>
> 　　中性子数 = 質量数 − 原子番号
>
> である．

同じ元素だが重さが違うのが同位体

多くの元素には，原子番号（元素の種類）が同じで中性子の数が異なる原子が存在する．これらの原子を互いに**同位体**[*4]という（表1.3）．同位体の化学的性質は同じと考えてよい．

[*4] F, Na, Alなどには同位体は存在しない．

平均の重さを示す原子量

たとえば，赤玉1個の質量が0.123 gで白玉1個の質量が0.246 gのとき，赤玉の質量を1とすると白玉の質量は0.246/0.123 = 2となる．すなわち，赤玉と白玉の質量の比は1：2である．さらに，赤玉，白玉それぞれ7890個ずつの質量の比もやはり1：2である．この考え方が目に見えぬ原子の反応における量的関係を捉えるときの基本である．

原子1個の質量はとても小さく[*5]，その値を元に現実の物質を扱うのはきわめて不便である．そこで，今日ではIUPAC（International Union of Pure and Applied Chemistry：国際純正および応用化学連合）という組織が，$^{12}C = 12$という相対質量の基準を定め，各原子の相対質量を求めている．さらに，元素ごとに，同位体の存在比を考慮して原子の相対質量も求めている．この元素ごとの原子の相対質量を**原子量**という（表1.4）．

水素の場合を例に，原子量の求め方を具体的に見てみよう．水素には

表1.3 同位体の例

元素	同位体
水素	$^{1}_{1}H$, $^{2}_{1}H$
炭素	$^{12}_{6}C$, $^{13}_{6}C$
窒素	$^{14}_{7}N$, $^{15}_{7}N$
酸素	$^{16}_{8}O$, $^{17}_{8}O$, $^{18}_{8}O$
塩素	$^{35}_{17}Cl$, $^{37}_{17}Cl$

[*5] $^{1}_{1}H$ 1個の質量は1.6735×10^{-24} g, ^{12}C 1個の質量は1.9926×10^{-23} gである．

表 1.4　おもな元素の原子量（概数）

元素	H	C	N	O	Na	Mg	Al	S	Cl	Ca	Fe	Cu
原子量	1.0	12	14	16	23	24	27	32	35.5	40	56	63.5

$^1_1$H と $^2_1$H（重水素という）の 2 種類の同位体が，それぞれ 99.985 ％，0.015 ％の比で存在している．^{12}C を 12 としたときの $^1_1$H と $^2_1$H の相対質量は 1.0078，2.0142 である．よって，水素の原子量は

$$1.0078 \times \frac{99.985}{100} + 2.0142 \times \frac{0.0015}{100} = 1.0080$$

と求められる．

例題1.3　塩素の同位体 ^{35}Cl，^{37}Cl の存在比を 75.0 ％，25.0 ％として，塩素の原子量を求めよ．ただし，^{35}Cl，^{37}Cl の相対質量をそれぞれ 35.0，37.0 とする．

【解答】　35.5

《解説》　本文に示してあるように，二つの同位体の相対質量を A，B，その存在比が a ％，b ％とすると，原子量は

$$原子量 = A \times \frac{a}{100} + B \times \frac{b}{100}$$

で求められる．よって，求める値は

$$35.0 \times \frac{75.0}{100} + 37.0 \times \frac{25.0}{100} = 35.5$$

アボガドロ数をひとまとまりで考える

^{12}C を 12 g 集めると，そのなかに ^{12}C は何個含まれるだろうか．＊5 に示した値を用いると

$$\frac{12 \text{ g}}{1.9926 \times 10^{-23} \text{ g}} \fallingdotseq 6.02 \times 10^{23} \text{ 個}$$

となる．この数を**アボガドロ数**と呼び，N という記号で表す．すると，アボガドロ数個の ^{12}C の質量は 12 g ということになり，非常にわかりやすくなる．同様に，原子量 A の原子をアボガドロ数個集めると，その質量は A g になる．

例題1.4 ナトリウムの原子量を23とした場合，ナトリウム4.6g中には何個の原子が含まれるか．アボガドロ数を6.0×10^{23}として答えよ．

【解答】 1.2×10^{23}

《解説》 ナトリウム23g中に6.0×10^{23}個の原子が含まれるから

$$6.0 \times 10^{23} \times \frac{4.6}{23} = 1.2 \times 10^{23} \text{個}$$

モルは化学の基本単位

このようにアボガドロ数個の粒子の集団を単位として扱うと，異なる元素の原子間の質量と粒子数の関係がわかりやすくなる．そこで，アボガドロ数個の粒子の集団を **1 モル** (mol) と呼び，モルを単位として計った粒子の集団を **物質量** という．よって，原子量Aの原子1 molの質量はA gである(図1.11)．

☞ **one rank up !**
アボガドロ数
1 molとはN個の粒子の集団であるから，異なる種類の原子間のN個の質量は粒子1個の質量(原子量)に比例する．さらに，N個の集団の質量は，原子量にgをつけて表示した値に等しい．

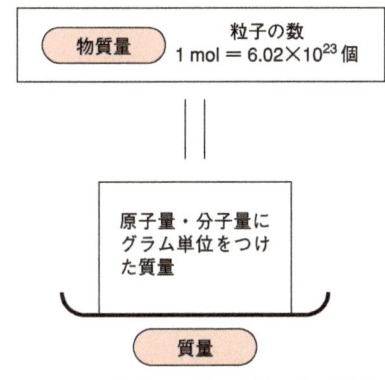

図1.11 物質量，質量と粒子数の関係
分子量については，2.1節を参照．

例題1.5 炭素，酸素，マグネシウム，アルミニウムの原子量をそれぞれ12，16，24，27とした場合，それぞれの原子0.20 molの質量は何gか．

【解答】 炭素：2.4 g，酸素：3.2 g，マグネシウム：4.8 g，アルミニウム：5.4 g

《解説》 どの原子も，1 mol集めれば，その質量は原子量(g)である．よって，どの原子も0.20 molであるということは，その質量は，原子量×0.20 gである．

1.4 電子配置が原子の性質を決める

軌道の種類と特徴

原子核を取り巻く電子はどのようなかたちで存在しているのであろうか．多数の電子が原子核を取り巻く場合，各電子はある規則に従って**軌道**と呼ばれる状態に配置される．これを**電子配置**という．ここでいう軌道とは，人工衛星の軌道（orbit）のように位置と速度が同時に決まるような，普通に想像する軌道とは違うものであることに注意してほしい．

量子力学によると，電子は荷電粒子であるとともに，原子核を中心とする波動（物質波）としてとらえることができるという二重性を備えている．波動としての性質を備えているので，位置と速度を同時に決めることができないのである．

そのため，電子は，ある確率にしたがって空間に分布しており，その分布の状態を**軌道**（orbital）という．ある空間に電子が存在する確率は軌道ごとに異なるため，その軌道に属する電子がある一定の確率（たとえば90％）で存在する範囲を示して，その境界を軌道として図示している（図1.14）．

軌道はエネルギーの小さい順に 1s, 2s, 2p, 3s, 3p, …と名づけられており，電子はつねに，エネルギーの小さい軌道から順に配置されていく（図1.12）．sとp（またはd）では軌道の形が異なり，またs, p, dの順にエネルギーが大きくなる．

波動（すなわち電子）が安定に存在する条件は定常波であり，これら定常波のエネルギーは飛び飛びの値をとる．この飛び飛びのエネルギーを電子のエネルギー準位といい，1s, 2s, 2p, 3p, …の各軌道のエネルギーに対応している（図1.13）．

それでは，電子の入る順番について，もう少し詳しく見ていこう．原子に含まれる電子はエネルギーの小さい軌道から順に配置されていくことは

> **☞ one rank up !**
> **波動関数**
> 各軌道の定常波を表す数学的表現として波動関数 ψ（プサイ）が定義され，この波動関数ψを用いて，電子の空間分布とエネルギーを求める方程式をシュレーディンガーの波動方程式という（$|\psi|^2$がその空間における電子の存在確率を表す）．

> **☞ one rank up !**
> **縮　重**
> 図1.13の軌道ごとの横棒─は，その軌道がさらに複数の軌道に分かれていることを示す．p軌道は三つ，d軌道は五つに分かれている．この現象を「縮重している」という．

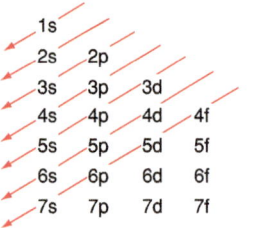

図1.12　軌道名とエネルギーの順序
1sがもっともエネルギーが小さく，2s, 2p, 3s, …の順に大きくなる．エネルギーの小さい軌道から順に電子が配置されていく．

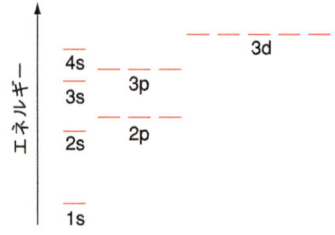

図1.13　軌道のエネルギー準位
原子に含まれる電子はエネルギーの小さい軌道から順に配置されていく．

1.4 電子配置が原子の性質を決める

表1.5 おもな原子の電子配置

元素記号	電子配置
$_1$H	$1s$
$_2$He	$1s^2$
$_3$Li	$1s^2\,2s$
$_4$Be	$1s^2\,2s^2$
$_5$B	$1s^2\,2s^2\,2p$
$_6$C	$1s^2\,2s^2\,2p_x\,2p_y$
$_7$N	$1s^2\,2s^2\,2p_x\,2p_y\,2p_z$
$_8$O	$1s^2\,2s^2\,2p_x^2\,2p_y\,2p_z$
$_9$F	$1s^2\,2s^2\,2p_x^2\,2p_y^2\,2p_z$
$_{10}$Ne	$1s^2\,2s^2\,2p_x^2\,2p_y^2\,2p_z^2 = 1s^2\,2s^2\,2p^6 = [\text{Ne}]$
$_{11}$Na	$1s^2\,2s^2\,2p^6\,3s = [\text{Ne}]3s$
$_{12}$Mg	$1s^2\,2s^2\,2p^6\,3s^2 = [\text{Ne}]3s^2$
$_{13}$Al	$1s^2\,2s^2\,2p^6\,3s^2\,3p = [\text{Ne}]3s^2\,3p$
$_{14}$Si	$1s^2\,2s^2\,2p^6\,3s^2\,3p^2 = [\text{Ne}]3s^2\,3p_x\,3p_y$
$_{15}$P	$1s^2\,2s^2\,2p^6\,3s^2\,3p^3 = [\text{Ne}]3s^2\,3p_x\,3p_y\,3p_z$
$_{16}$S	$1s^2\,2s^2\,2p^6\,3s^2\,3p^4 = [\text{Ne}]3s^2\,3p_x^2\,3p_y\,3p_z$
$_{17}$Cl	$1s^2\,2s^2\,2p^6\,3s^2\,3p^5 = [\text{Ne}]3s^2\,3p_x^2\,3p_y^2\,3p_z$
$_{18}$Ar	$1s^2\,2s^2\,2p^6\,3s^2\,3p^6 = [\text{Ar}]$
$_{19}$K	$1s^2\,2s^2\,2p^6\,3s^2\,3p^6\,4s = [\text{Ar}]4s$
$_{20}$Ca	$1s^2\,2s^2\,2p^6\,3s^2\,3p^6\,4s^2 = [\text{Ar}]4s^2$
$_{21}$Sc	$1s^2\,2s^2\,2p^6\,3s^2\,3p^6\,3d\,4s^2 = [\text{Ar}]3d\,4s^2$

先にも説明した．すなわち，図1.13からわかるように，エネルギーの低い軌道から順に（1s，2s，2p，…の順に）電子は配置されていく．具体的には，たとえば $_6$C では $1s^2\,2s^2\,2p^2$，$_{13}$Al では $1s^2\,2s^2\,2p^6\,3s^2\,3p$，$_{20}$Ca では $1s^2\,2s^2\,2p^6\,3s^2\,3p^6\,4s^2$ というように電子が入る[*6]（表1.5）．s軌道には2個まで，p軌道には6個まで電子が入ることができる[*7]．

それぞれの軌道に入る電子の数

それぞれの軌道には，電子は最大2個（1対）しか入れない（**パウリの排他律**）．すなわち，p軌道はさらに三つの軌道 p_x，p_y，p_z に分かれている．この三つの軌道は空間的に互いに直交した（直角に交差した）領域に広がっているが，形状やエネルギーは同じである（図1.14）．

よって，$_6$C では，$1s^2\,2s^2\,2p_x^1\,2p_y^1$（$2p_x^2$ ではない！），$_7$N では $1s^2\,2s^2\,2p_x^1\,2p_y^1\,2p_z^1$，$_8$O では $1s^2\,2s^2\,2p_x^2\,2p_y^1\,2p_z^1$ のような電子配置となる．p軌道ではこのように電子は p_x，p_y，p_z にまず1個ずつ配置された後に2個目が配置される（**フントの規則**）．電子が1個しか入っていない軌道をもつ原子は不安定である（すなわち，化学反応性が高い）．

[*6] 軌道名（1s，2pなど）のうしろの上付の小さい数字は，電子の個数を表している．

[*7] d軌道は5個，f軌道は7個の軌道に分かれているので，電子はd軌道には10個，f軌道には14個まで入ることができる．

> **one rank up！**
> **パウリの排他律**
> パウリの排他律を，より厳密に説明すると「同一の軌道には電子は2個しか入れず，その2個もスピン（電子の自転する向き）が互いに正反対でなければならない」となる．すなわち「原子内の電子はすべて異なる状態にある」ということもできる．

> **one rank up！**
> **フントの規則**
> 厳密には「同じエネルギーの軌道が複数ある場合には，別々の軌道にまず1個ずつ電子が収容される」という規則．これは，同一軌道という狭い空間内での電子間の反発を避けていると解釈できる．

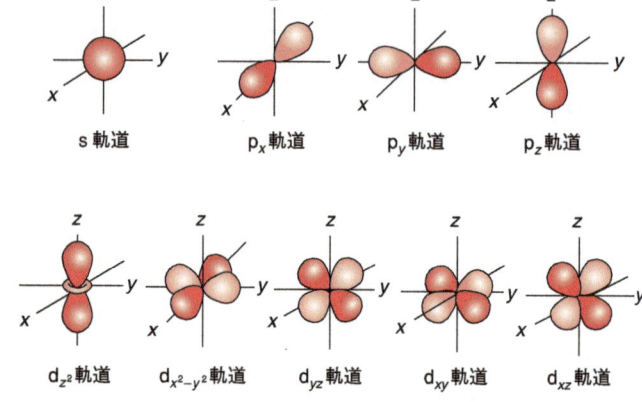

図 1.14 s, p, d 軌道のかたち
軌道の外縁は90％の確率で電子がその内部に存在する境界を示している．この図に示された形の表面に電子が存在するのではなく，その内部の空間に90％の確率で存在するということである．したがって，その外部にも電子は10％の確率で存在する．

軌道には位相がある

電子は波動としての性質をもつため，振幅による位相がある．1s軌道には位相の変化はないが，p軌道は原子核の位置を境にして位相が逆転している（図1.15）．位相が逆転する点を節と呼ぶ．軌道の位相は，軌道間に相互作用が起こるときにとても重要になる．

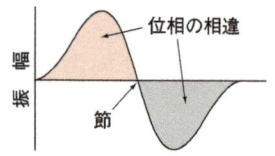

図 1.15 電子の位相の変化と節

例題1.6 $_{13}$Al, $_{20}$Ca の電子配置を p_x, p_y, p_z の軌道まで分けて示せ．

【解答】 $_{13}$Al : $1s^2\,2s^2\,2p_x^2\,2p_y^2\,2p_z^2\,3s^2\,3p_x^1$
$_{20}$Ca : $1s^2\,2s^2\,2p_x^2\,2p_y^2\,2p_z^2\,3s^2\,3p_x^2\,3p_y^2\,3p_z^2\,4s^2$

《解説》 エネルギーの低い軌道から順に入れていく．ただし，p軌道は同一のエネルギーレベルが三つ存在する（p_x と p_y と p_z）から，まずそれぞれに一つずつ入れ，まだ電子があればさらに一つずつ入れる．パウリの排他原理とフントの規則を満たしながら配置していくこと．

1.5 元素の周期律とイオン

周期律

図1.16に示すように，原子番号が増えるにしたがって，原子核の陽子数が増え，電子を引きつける力が増加するために電子のエネルギーは小さくなり，その原子の軌道は安定化する．一方，原子番号が増えるにしたがって電子の数が増えるため，電子はどんどんと外側の，したがって不安定で反応に関与しやすい軌道に入っていく．

ある原子において，もっともエネルギー準位が大きい同一番号のs軌道とp軌道に存在する電子を**価電子**[*8]という（図1.17）．価電子数は0〜7で表され，s, p軌道が満杯の8個のときは0個とする[*9]．価電子は，より安定な軌道に入っている他の電子とは異なり，原子の化学的な性質を決める．

原子番号順に原子の電子配置を並べると，価電子数が周期的に変化していることがわかる．したがって，元素の性質も周期的に変化する．これを元素の**周期律**という．

[*8] Sc以降の原子ではd軌道が関与してくるため，価電子の定義も変化する．ここでの定義は，あくまでも基礎的な有機化学の立場としてのものである．

[*9] 1s軌道が電子で満ちたHeは，価電子数は2であるが，p軌道がないため，これも価電子数は0個と見なす．

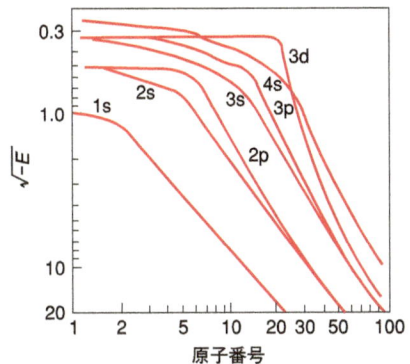

図1.16　原子番号と同一軌道のエネルギー変化
3d軌道は原子番号の増加とともに4s軌道よりもエネルギーが小さくなる．横軸は原子番号の対数表示，縦軸はその軌道での電子のエネルギー（負の値である）を正にして平方根をとった値である．

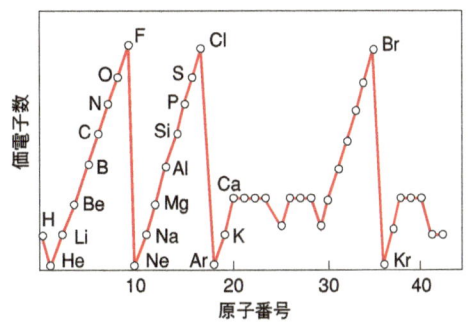

図1.17　原子番号と価電子数
18族元素の価電子数は0個とする．

周期表を見れば元素の性質がわかる

価電子数の等しい元素が縦に並ぶように元素を原子番号順に配置した表を元素の**周期表**という．この周期表を見れば，元素の性質がおおよそわかる．

周期表の左下の方にある元素ほど金属的性質（**金属性**；陽性）が強く，右上の方にある元素ほど非金属的性質（**非金属性**；陰性）が強い[*10]．また，周期表の族番号の1の位は価電子数を表している[*10]．

[*10] 18族元素は除いて考える．

陽イオンと陰イオン

金属性の強い原子は価電子数が1〜3であることがほとんどである．たとえば，同じ3s軌道に価電子をもつ金属のナトリウムNaと非金属の塩素Clを比べると，Naのエネルギーは高く不安定である（図1.16）．このため，Na原子からこの価電子を取り去るのは，比較的簡単である．

このように電子1個が原子から取り去られると，原子は陽1個分の正電荷を帯びることになる．このような原子を1価の**陽イオン**（カチオン，cation）といいNa^+と表す．Na^+の電子配置はネオンNeと同じである．同様に，Mg, Alは，それぞれ2個，3個の価電子をもつから，2価，3価

☞ one rank up !
アルカリ金属元素
水素を除く1族元素はアルカリ金属元素と呼ばれ，1価のカチオンに非常になりやすく，このため単体状のアルカリ金属は反応性がたいへん高い．

の陽イオン（Mg^{2+}，Al^{3+}）になる．これらの電子配置も Ne と同じである．

逆に，非金属元素の原子である Cl は，電子を 1 個受け入れることでアルゴン Ar と同じ電子配置になる．このとき，塩素原子は全体として電子 1 個分負に帯電しているので，1 価の**陰イオン**（アニオン，anion）といい Cl^- と表す．

このような陽イオンと陰イオンの表し方を**イオン式**という．

例題1.7 カリウム，カルシウム，バリウムはどのような陽イオンになるか．イオン式で示せ．

【解答】 K^+，Ca^{2+}，Ba^{2+}

《解説》 K の価電子は 1 個，Ca と Ba の価電子は 2 個である．典型元素では，族番号の 1 の位の数は価電子数を表している．そのことを理解して元素の周期性を確認しておこう．また，Be と Mg を除く 2 族元素をアルカリ土類元素という．

電子を取るのに必要なイオン化エネルギー

ある原子において，もっともエネルギー準位の高い軌道から電子を一つ取り去って 1 価の陽イオン（陰イオンではない）とする場合に必要なエネルギーを**第一イオン化エネルギー**という（図1.18）．

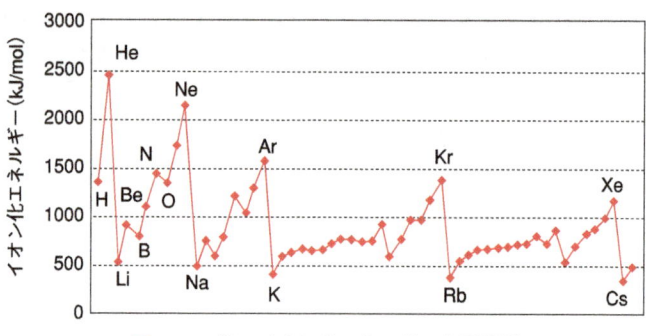

図1.18 第一イオン化エネルギーと周期性

同一の原子軌道は原子番号が増えるに従って電子が原子核により強く引きつけられるため安定化する（図1.16）．しかし，原子番号の増加は電子の増加でもあるから，電子は安定な軌道から順に詰まり，1s に電子が二つ入った He に比べて，Li はより高エネルギーで不安定な 2s 軌道に電子が一つ入る．そのため，価電子を失いやすく第一イオン化エネルギーが減少する．B も 2s 軌道が電子でいっぱいになり，より高エネルギーな 2p 軌道に電子

が入るため，第一イオン化エネルギーが減少する．

Nでは，エネルギー的安定性のため三つの2p軌道に電子が一つずつ入っている．これは，同じエネルギー準位であれば，一つの軌道に二つ電子が入る方が不安定なためである（**フントの規則**）．Oでは一つの2p軌道に電子が二つ入っているため，電子が失われやすく，第一イオン化エネルギーがNに比べて減少する．

電子を取り入れると放出される電子親和力

原子が電子1個を取り入れる際に放出するエネルギーを**電子親和力**という（図1.19）．電子親和力が大きい元素は電子を受け入れて陰イオン（アニオン）になりやすい．このためFやClのような17族元素[*11]は1価の陰イオンになりやすい．また，16族元素の酸素Oや硫黄Sも陰イオンになりやすいが，価電子数が6個であるから，電子2個を受け入れて，それぞれ2価の陰イオンO^{2-}，S^{2-}となる．

[*11] 17族元素のフッ素，塩素，臭素，ヨウ素はハロゲンと総称される．

元素のおおまかな性質

元素は大きく「金属元素」と「非金属元素」とに分類される．金属と非金属の違いは，価電子のエネルギーの大きさと関係がある．このことを意識し

さまざまなところに見られる周期律

すでに学んだように，同じような性質の元素が周期的にでてくるという現象（元素の周期律）は，価電子数や第一イオン化エネルギー，さらには電子親和力に見られる．実はこれらのほかにも，単体の融点，原子半径，原子容（1 molの固体が占める体積）などいろいろな性質に周期律が見られる．

こういった周期律があることが知られるようになったのは19世紀のことである．元素を原子量の順に並べることで，この性質が明らかになった．当時は，原子番号の順ではなく原子量の順に並べていた．この二つの順番は，ほとんど同じ順ではあるが，一部，入れかわっているところがある．みなさんも周期表を見ながら探してほしい．

たしかに，原子の構造がわからない限り原子番号（陽子の個数）という考え方がでてくるはずはない．そのため，原子の構造がまだ明らかではなかった19世紀後半では，これらの周期律をきちんと説明することは困難であった．原子の構造，さらには電子配置とエネルギーの関係が明らかになるにつれて，元素に対応する原子の性質が理解できるようになってきたのである．

元素の周期律や原子の構造は，現在では当たり前のことのように語られているが，多くの科学者による発見の積み重ねによって，だんだんと明らかになってきたことなのである．

周期表の父　メンデレーエフ

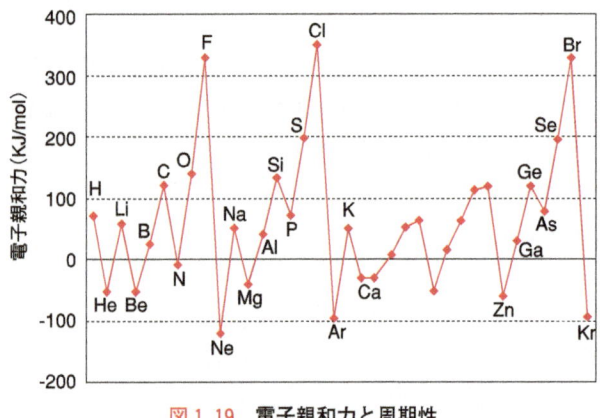

図1.19　電子親和力と周期性

ながら，金属元素・非金属元素それぞれについて学んでいこう．

金属元素　金属元素の原子の価電子数は少ない．価電子が少ないと原子核による引力が弱く，価電子は原子核の束縛を離れて自由に運動する．このように自由に動ける電子を**自由電子**といい，金属元素が電気や熱を伝えやすかったり，延性・展性があったりするのも，自由電子をもつためである．また，イオン化エネルギーが小さく陽イオンになりやすい．

非金属元素　価電子が多いと原子核の束縛が大きくなるので，自由電子は存在しなくなる．そのため，イオン化エネルギーが大きく陽イオンになりにくい．逆に，電子親和力が大きく，陰イオンになりやすい元素がある．これらの元素は非金属性（陰性）が強い．非金属元素の原子どうしは分子をつくりやすく，たとえば有機化学で中心的な役割を担う炭素も非金属元素である．

希ガス元素　He，Neなど18族の元素は安定で，陽イオンにも，陰イオンにもなりにくい．これらの原子の電子配置はつぎのようになっている．

$He : 1s^2$
$Ne : 1s^2\,2s^2\,2p^6$

図1.13に示したように，原子の軌道のエネルギー準位にはギャップがあり，1s軌道のエネルギー準位は2sよりもはるかに低く，安定である．また，2s軌道と2p軌道のエネルギー準位の違いは小さいが，2p軌道と3s軌道のエネルギー準位の違いは大きい．このため，1s軌道に電子が二つ詰まったヘリウム，2p軌道まで電子が詰まったネオンは価電子が0となり，安定な電子配置をしていることがわかる．これらの元素はいずれも原子の状態で安定なガス状であり，希ガス元素[*12]と総称される．

[*12] 希ガス元素も非金属に分類される．

元素の電子配置を示す場合，希ガスの電子配置を使って表す場合が多い．たとえば，$1s^2 2s^2 2p^6$ を [Ne] と表すと，$_{13}$Al の電子配置（例題1.6）は [Ne] $3s^2 3p_x^1$ と表すことができる．

章末問題

1 炭素（黒鉛）の粉末と塩化ナトリウムの混合物がある．これらを分離する方法を述べよ．

2 ともに単原子の単体 A の a g と単体 B の b g が同物質量であるとする．A，B の原子量を M_A，M_B として，つぎの問に答えよ．
(1) $M_A : M_B$ を求めよ．
(2) $M_A = 9.0$ のとき，M_B はどのように表されるか．

3 原子量 M の金属 1.0 g は何個の原子を含むか．ただし，アボガドロ数を 6.0×10^{23} とせよ．

4 ナトリウム Na，塩素 Cl，カリウム K の電子配置を示せ．

5 周期表を見ずに，18族元素の電子配置を示せ．ただし，He 以外の元素の価電子の電子配置は $ns^2 np^6$（$n = 2, 3, 4, 5, \cdots$）である．また，p_x，p_y，p_z などを分けて記述する必要はない．

6 フントの規則，パウリの排他原理を用いて，炭素 C，窒素 N，酸素 O の電子配置を説明せよ．

2章 化学結合

　原子と原子の結びつき（化学結合という）の基本的な考え方はつぎの通りである．
　二つの原子が接近すると，原子核の正電荷による電気的な反発が生じる．双方の電子（とくに価電子）が原子の間に配置されてその負電荷によって反発が弱められ，さらには電子全体の影響により，二つの原子が安定に結合するというものである．
　化学結合には大きく分けて，共有結合，イオン結合，金属結合の3種類があるが，本章では有機化学に関係の深い共有結合を主体に学んでいこう．

2.1 原子が集まって分子ができる

分子は物質としての最小単位

　水素はガス状の単体であって，その物質としての性質を示す最小単位は水素原子2個がくっついてできた粒子である．一方，ヘリウムもガス状の単体であるが，一つの原子だけでヘリウムとしての性質を示す．このような，その物質としての性質を示す最小単位を**分子**という（金属のように，最小単位が原子の場合もある）．分子を構成する原子を元素記号で表し，その個数を元素記号の右下に示したものが**分子式**である．たとえば，水素分子は2個の水素原子からなるので，H_2 と表す．水分子は H_2O，二酸化炭素分子は CO_2 と表される．
　ヘリウムやアルゴンのように一つの原子がそのまま分子であるものを**単原子分子**という．一方，水素のように二つの原子からできている分子を**二原子分子**と呼ぶ．

分子の形成と電子配置

　ヘリウム原子はたいへん安定であるのに対して，水素原子は不安定で反応しやすく，二つの水素原子が近づくと，互いに引かれあって水素分子を

つくる．この安定性の違いは，これらの原子の電子配置の違いによる．ヘリウムと水素の違いを，電子の軌道から考えてみよう．

図1.13に示したように，原子の軌道のエネルギー準位にはギャップがあり，1s軌道のエネルギー準位は2s軌道よりもはるかに低く，安定である．このため，1s軌道に電子が二つ詰まったヘリウムは非常に安定で，化学反応を起こしにくい．

一方，水素原子は1s軌道に電子が一つだけ入っていて，価電子数は1である．1s軌道には二つまで電子が入ることができるので，二つの水素原子が近づくと，お互いの電子を共有して，二つの電子を対にする（図2.1）．この場合，水素の二つの原子核をまとめて一つの原子核と考えると，水素分子はヘリウムに似た安定な構造となっていることがわかる．

> **one rank up !**
> **赤い矢印**
> 図2.1の赤い矢印は，電子1個を表す．また，矢印の向きはスピンの向きに対応している．

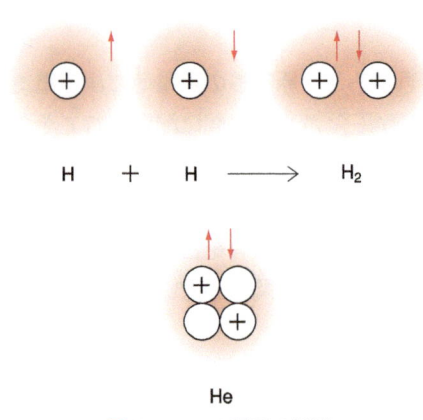

図2.1　H_2 の電子の状態

オクテット則で結合を理解する

価電子数が0個^{*1}の希ガス元素の電子配置はきわめて安定である．それに対して，水素原子は不安定であるが，先に述べたように，二つの水素原子が互いの電子を共有して水素分子を形成することによって，希ガスであるHeと同じ電子配置になる（図2.2）．また，フッ素は価電子数が7個の元素であり，二つのフッ素原子が価電子を一つずつだしあってフッ素分子を形成する．フッ素分子中では，それぞれの原子がネオンと同じ，価電子数が0個の希ガス元素の電子配置になる．もう一つ，窒素分子を例に見てみよう．窒素の価電子は5個である．窒素分子では，お互いに価電子を三つずつ共有することによって，それぞれの原子がネオンと同じ，希ガス元素の電子配置になる．

上記の水素分子やフッ素分子のようなかたちの結合において，二つの原子間に共有される電子の対を**共有電子対**といい，結合に使われていない対をなしている価電子は**非共有電子対**，あるいは**孤立電子対**と呼ばれる．一方，水素原子の電子のように対になっていない電子を**不対電子**と呼ぶ．ま

*1　Heを除く希ガス元素の原子は，もっともエネルギー準位の高いs，p軌道は電子で満たされており，価電子数は8個であるともいえるが，0個とするのが一般的である．

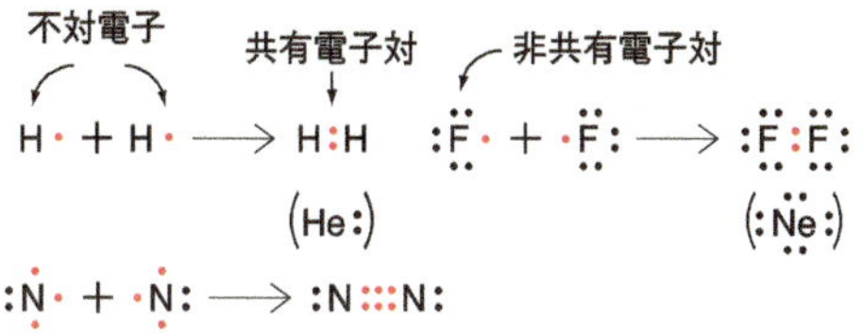

図 2.2 水素分子，フッ素分子，窒素分子の結合の様子
・は一つの価電子を表している．

た，このような，共有電子対をつくることで成り立つ結合を**共有結合**という．

このように共有結合によって電子を共有するときに，それぞれの原子の価電子が8個になる場合に分子が安定になると考える規則を**オクテット則**という（水素の場合は He 構造となるため，2個の電子配置をとる場合に安定と考える）．図2.2のように，原子の価電子を点で表して，共有結合を二つの点で表す方法を**ルイス構造**，あるいは**点電子構造**という．

つぎに，共有結合の種類を見てみよう．1対の価電子を共有することでできる共有結合を**単結合**，2対，3対の価電子を共有することでできる共有結合をそれぞれ，**二重結合，三重結合**という．図2.2の窒素分子は3対の価電子を共有しており，三重結合となっていることがわかる．

また，結合のために共有している電子対の数を**結合次数**という．単結合，二重結合，三重結合の結合次数はそれぞれ，1，2，3である．

例題2.1 塩素，酸素の単体の分子式とルイス構造式を示せ．

【解答】 分子式：Cl_2, O_2　　ルイス構造式：:Cl̈:Cl̈:　:Ö::Ö:

《解説》 Cl は17族元素であり，価電子を7個もつ．このため，2個の原子間で価電子を1対共有することで18族元素の電子配置になる．結合は単結合である．一方，O は16族元素であり，価電子を6個もつ．このため，2個の原子間で2対の価電子を共有することで18族元素の電子配置になる．これは，二重結合である．

ここまでは，同じ元素が結合する場合を見てきた．しかし，共有結合は異なった元素の間にも生じる．例として，塩化水素分子（HCl）を考えてみよう（図2.3）．水素原子 H は価電子が1個，塩素原子 Cl は価電子が7個である．したがって，互いに1個の価電子をだしあって単結合を形成することで，それぞれ He 型，Ar 型の電子配置となる．また，水分子（H_2O）は H 原子2個と O 原子1個からできている．2個の水素原子 H がそれぞれ1個の価電子をだし，酸素原子 O が二つの水素原子にそれぞれ1個ずつ価

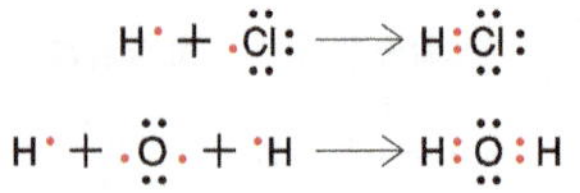

$$H\cdot + \cdot\ddot{\underset{\cdot\cdot}{Cl}}: \longrightarrow H:\ddot{\underset{\cdot\cdot}{Cl}}:$$

$$H\cdot + \cdot\ddot{\underset{\cdot\cdot}{O}}\cdot + \cdot H \longrightarrow H:\ddot{\underset{\cdot\cdot}{O}}:H$$

図 2.3 塩化水素分子，水分子の結合の様子

電子をだすことで，単結合を二つ形成している．

電子対を線で表す価標

　これまでは，価電子を一つの点で表してきたが，共有電子対を線で表す方法もある．ルイス構造のなかの結合電子対をそれぞれ1本の線で表したものを**価標**といい，二重結合，三重結合はそれぞれ2本線，3本線で表される．価標を使うと水素 H_2 は H-H，酸素 O_2 は O=O，窒素 N_2 は N≡N と表される．このように，価標を用いて表した分子の構造を**線結合構造**（構造式）という．一般に，線結合構造では非共有電子対は省略される．

例題2.2　(1) CH_4，NH_3，CO_2，C_2H_2 の分子構造をオクテット則で考え，ルイス構造式で示せ．

(2) CH_4，NH_3，CO_2，C_2H_2，H_2O の分子構造を，価標を使って，線結合構造式で表せ．

【解答】　(1)

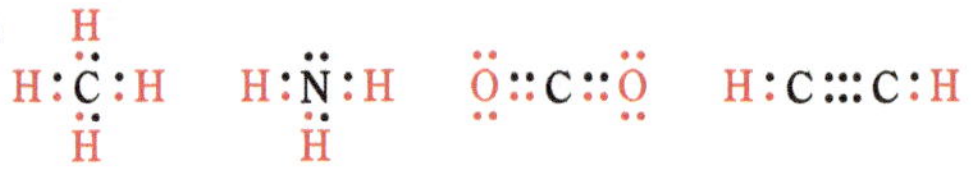

$$H:\underset{\overset{\cdot\cdot}{H}}{\overset{H}{C}}:H \quad H:\underset{H}{\overset{\ddot{\cdot\cdot}}{N}}:H \quad \ddot{\underset{\cdot\cdot}{O}}::C::\ddot{\underset{\cdot\cdot}{O}} \quad H:C:::C:H$$

(2)

$$H-\underset{\overset{|}{H}}{\overset{H}{\underset{|}{C}}}-H \quad H-\underset{H}{\overset{\ddot{\cdot\cdot}}{N}}-H \quad O=C=O \quad H-C\equiv C-H \quad H-O-H$$

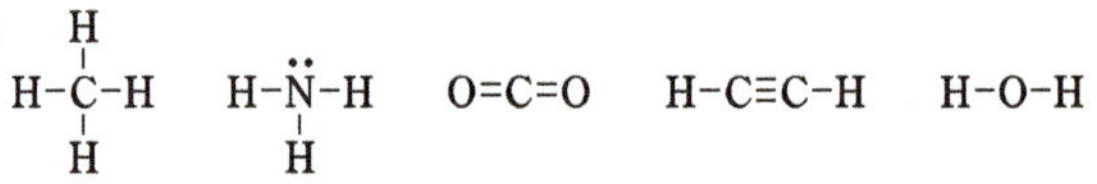

《解説》　(1) Hが関与する結合はいつでも単結合である．二酸化炭素 CO_2 の場合，CとOの間の結合は二重結合になる．C_2H_2 はエチン（アセチレン）という物質であり，C原子間に三重結合を形成することですべての原子が18族元素の電子配置になる．これらの分子では，HはHe型，C，N，OはいずれもNe型の電子配置となっている．

(2) 線結合構造式で表す場合，NH_3（アンモニア）分子のNの上の・二つは，書いていなくても正解である．非共有電子対は一般には省略されるが，NH_3 のように，反応性の高い（2.3節，2.6節を参照）非共有電子対は強調するために省略されない場合もある．

分子量

　分子の質量は，原子の質量と同じ基準で取り扱い，分子式に含まれるすべての原子の原子量の和を分子量という．分子量は原子量と同じく $^{12}C = 12$ としたときの分子の相対質量を表している．すなわち，分子量 M の分

子1 mol の質量は M g である．

モル濃度は物質量を使った濃度の単位

物質量(mol)を用いた濃度の表し方の一つにモル濃度(単位 mol/L)がある．体積1 L[*2]あたりに，その物質が何モル存在するかを示した単位である．たとえば，容積5 Lの容器に酸素が1 mol存在していれば，酸素のモル濃度はつぎのようになる．

$$\frac{1}{5} = 0.2 \, \text{mol/L}$$

*2 リットルは高校の化学ではイタリックの l で表すが，大学の化学では大文字のLで表すのが一般的である．

例題2.3 (1) H_2, O_2, N_2, HCl, H_2O, CH_4, NH_3, CO_2 の分子量を求めよ．ただし，原子量は，H = 1, C = 12, N = 14, O = 16, Cl = 35.5とせよ．

(2) (1)で求めた値を用いて，0.20 mol の酸素，0.50 mol の水，3.0 mol のアンモニアの質量を求めよ．

(3) 0.5 mol/L の水素が4 Lある．このとき，水素は何 mol あるか，また水素の質量は何gか．ただし，水素の原子量は1とする．

【解答】 (1) H_2：2，O_2：32，N_2：28，HCl：36.5，H_2O：18，CH_4：16，NH_3：17，CO_2：44

(2) 酸素：6.4 g，水：9.0 g，アンモニア：51 g

(3) 2 mol，4 g

《解説》 (2) 分子量 M の物質 a mol の質量は，$M \times a$ g である．たとえば，O_2 = 32より，$32 \times 0.2 = 6.4$ g などとなる．

(3) $0.5 \times 4 = 2$ mol

　　$H_2 = 2$ より　　$2 \times 2 = 4$ g

2.2　共有結合を分子軌道から考える

分子軌道は分子の形を予測できる

二酸化炭素(CO_2)は直線状の分子であり，一方，水(H_2O)は折れ曲がった構造をもった分子で，H-O-Hの角度(**結合角**という)は104.5°である．オクテット則は便利な経験則であるが，このような分子の形を予測することができない．分子の形を予測するためには，共有結合を原子軌道間の相互作用によって形成されるものと考える必要がある．

水素分子の分子軌道

すでに述べたように，水素原子は1s軌道に電子が一つだけ入っていて，二つの水素原子が近づきあうと，お互いの電子を共有して水素分子が形成される．ここで，水素原子に原子軌道があったように，水素分子にも**分子軌道**があると考える．この分子軌道は，二つの水素原子の原子軌道の相互作用によってできた，二つの原子核のまわりに存在する軌道である．

水素原子の1s軌道に入った電子どうしが近づいて軌道が重なりあうと，相互作用が生じる．電子は波動性をもっているため，その相互作用によって，2種類の定常状態(定常波)が生じる．1種類目は，二つの軌道が位相を同じくして強めあう定常状態であり，元の1s軌道よりも安定な**結合性分子軌道**ができる(図2.4)．

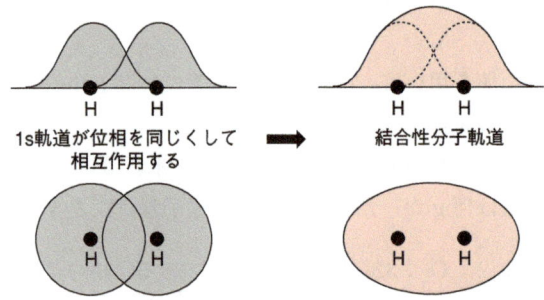

図2.4 1s軌道間の相互作用による結合性分子軌道の形成

2種類目は，二つの軌道が位相を逆にして弱めあう定常状態であり，これによって元の1s軌道よりも不安定な**反結合性分子軌道**ができる(図2.5)．分子軌道においてもパウリの排他則が成り立ち，一つの分子軌道には電子が二つまで入ることができる．原子がもっていた二つの電子は，2種類のうちの結合性分子軌道の方に入って，結合を形成する．結合性分子軌道に入った共有電子対は二つの水素原子核の間に高い確率で存在し，正電荷をもつ原子核を結びつける働きをしている．

この水素分子の共有結合のように，二つの原子間を結ぶ軸方向で原子軌

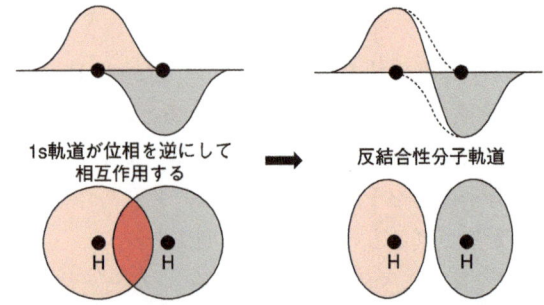

図2.5 1s軌道間の相互作用による反結合性分子軌道の形成

道が重なりあってできる結合を **σ(シグマ)結合** という．σ結合をつくる結合性分子軌道を **σ軌道**，同時に生じる反結合性分子軌道を **σ*軌道** という．

このような原子軌道の相互作用を，分子軌道のエネルギー準位を考えて概念的に表すと，図2.6のようになる．原子軌道の相互作用による結合性分子軌道は，軌道の重なりが大きいほど安定化する．また，どんな原子間の結合でも，反結合性分子軌道の不安定化の度合いは，結合性分子軌道の安定化の度合いよりも大きい．

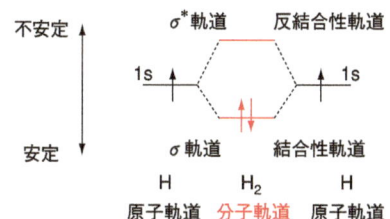

図2.6 水素原子の原子軌道の相互作用による分子軌道の形成

例題2.4 希ガスであるHeが単原子分子であり，二原子分子をつくらない理由を1s軌道の相互作用の観点から説明せよ．

【解答】 Heが二原子分子をつくると仮定した場合，どのようになるかを考える．1s軌道が近づいて相互作用すると，結合性分子軌道と反結合性分子軌道が生じる．ここに，元もとある電子（2×2 = 4個）を詰めていくと，σ軌道とσ*軌道がともにうまってしまう．しかし，反結合性分子軌道による不安定化の度合いは，結合性分子軌道による安定化の度合いよりも大きいため，二原子分子の状態は，Heが結合をつくる前と比較して不安定になっている．このため，He_2分子は形成されず，すみやかに解離して単原子分子に戻る．

フッ素分子の分子軌道

フッ素原子Fの価電子の電子配置は$2s^2 2p_x^2 2p_y^2 2p_z^1$であり，不対電子が入った$2p_z$軌道を一つもつ．$F_2$分子では$2p_z$軌道が重なって相互作用す

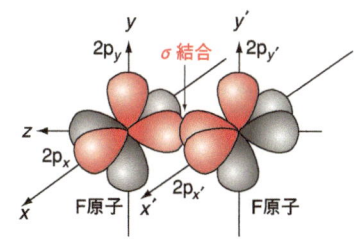

図2.7 F_2における軌道の重なりの様子

ることにより, σ結合が形成されている(図2.7).

このように, σ結合は球対称のs軌道どうしの相互作用によっても, 軸を共有するp軌道どうしの相互作用によっても, あるいはs軌道とp軌道間の相互作用によっても生じる.

水分子の分子軌道

つぎは, 水分子の分子軌道を見てみよう(図2.8).

酸素原子Oの価電子の電子配置は$2s^2 2p_x^2 2p_y^1 2p_z^1$である. O原子の$2p_y$軌道はH原子の1s軌道と相互作用して結合性軌道と反結合性軌道ができる. 生じた結合性軌道に, O原子から一つ, H原子から一つの原子が入り, σ結合が生じる. O原子の$2p_z$軌道は, もう1個のH原子とσ結合を形成する. $2p_y$軌道と$2p_z$軌道は直交(直角に交差)しているため, ∠HOHは90°になるはずであるが, 実際の結合角は104.5°になっている. これについては, 2.3節で詳しく説明する.

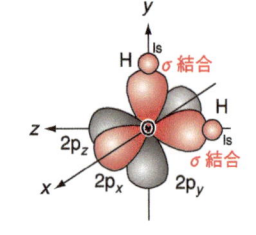

図 2.8 H₂Oにおける軌道の重なりの様子

窒素分子に見られるπ結合

続いて, 窒素分子(N_2)の結合を分子軌道の観点から考えてみよう.

窒素原子Nの価電子の電子配置は$2s^2 2p_x^1 2p_y^1 2p_z^1$である. 図2.9のように, 2個のN原子が$z$軸方向に並ぶとき, $2p_z$間の軌道の相互作用によって, σ結合が形成される.

このとき, 二つのN原子の$2p_x$軌道は平行に並んでいて, 軌道が重なりあうことができる. これらはともに不対電子を含む軌道であるため, 相互作用によってできる結合性分子軌道に電子が一つずつ入り, 新たな結合ができる(図2.10). この結合はσ結合とは異なり, 二つの原子間を結ぶ軸方

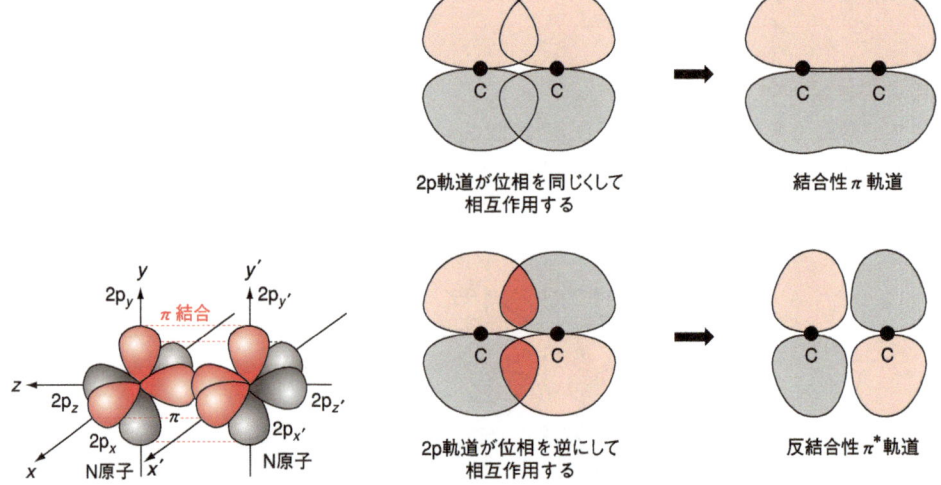

図 2.9 N₂における軌道の重なりの様子

図 2.10 p軌道の相互作用によるπ結合の形成

向で原子軌道が重なりあったものではなく，軸の上下で原子軌道が重なりあっている．このような結合は π(パイ)結合 と呼ばれる．この π 結合をつくる結合性分子軌道を π 軌道，同時に生じる反結合性分子軌道を $π^*$ 軌道 という．

N 原子にはもう一つ，不対電子を含む $2p_y$ 軌道がある．二つの $2p_y$ 軌道も同様に相互作用して，π 結合をもう一つつくる．このように，N_2 の三重結合は，σ 結合一つ，π 結合二つでできている．

酸素分子の分子軌道

酸素分子の結合を分子軌道の観点から見ると，どのように説明できるだろうか．

酸素原子 O の価電子の電子配置は $2s^2 2p_x^2 2p_y^1 2p_z^1$ である．図 2.9 で，窒素原子のかわりに 2 個の O 原子が z 軸方向に並ぶと，$2p_z$ 軌道間の相互作用によって σ 結合が形成され，$2p_y$ 軌道間の相互作用によって π 結合が形成される．しかし，この場合，電子対が詰まった二つの $2p_x$ 軌道も平行に並んでいるため，軌道が重なって相互作用が起こる．つまり O_2 の場合，$2p_z$ 軌道間の相互作用によって σ 軌道と $σ^*$ 軌道が一つずつ，$2p_x$ と $2p_y$ 軌道間の相互作用によって π 軌道と $π^*$ 軌道が二つずつできる（図 2.11）．

酸素原子の 2p 軌道には電子が 4 個ずつ入っているので，これらの電子を分子軌道に詰めていくと，結合性分子軌道がすべてうまり，二つの電子が反結合性の $π^*$ 軌道に一つずつ入る．反結合性軌道に入った 2 個の不対電子による不安定化は，一つの π 結合形成による安定化を打ち消すため，O_2 の二重結合は，σ 結合，π 結合それぞれ一つから成り立っているということができる．

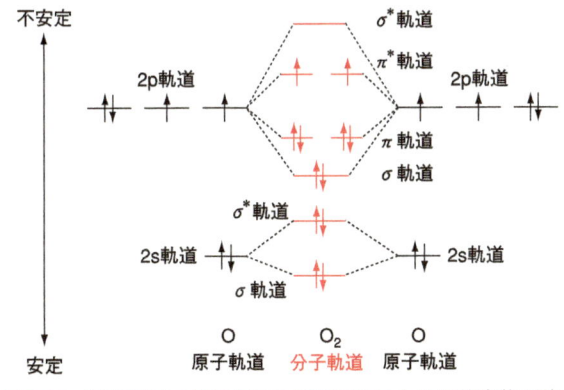

図 2.11　酸素原子の原子軌道の相互作用による分子軌道の形成

結合エネルギー

共有結合 1 mol（6.02×10^{23} 個）を切断するのに必要なエネルギーを，そ

の結合の **結合エネルギー** という（単位は kJ/mol）．結合エネルギーは結合する原子の組合せによって，また結合次数によっても異なる．たとえば，水素分子間の共有結合を切断するのには440 kJ/molが必要であり，窒素分子（N_2）間の共有結合を切断するのには950 kJ/molが必要である．

2.3 原子軌道の混成から分子の形を理解する

s軌道とp軌道が混成しsp^3混成軌道ができる

C原子の価電子の電子配置は，$2s^2 2p_x^1 2p_y^1$ である．これまで示してきたように，不対電子が入った軌道間の相互作用から考えると，炭素と水素が結合する場合，$2p_x$ 軌道と $2p_y$ 軌道を使ってσ結合を形成し，CH_2 という分子をつくるはずである[*3]．

しかし実際には，炭素はオクテット則に従って四つの水素と共有結合し，メタン CH_4 分子をつくる．また，CH_4 はC原子を中心とする正四面体構造をしていることがわかっている．どうして CH_4 はこのような構造をしているのだろうか．それを説明するために，**軌道の混成** という概念が考えだされた．

炭素原子の軌道のエネルギー（図1.16）を見ると，2sと2pの軌道のエネルギーの差はそれほど大きくない．炭素は $2s^2 2p_x^1 2p_y^1$ の電子配置のままでは結合を二つしかつくることができないが，2s軌道の電子を一つ $2p_z$ に昇位させることによって，$2s^1 2p_x^1 2p_y^1 2p_z^1$ の4個の価電子すべてを結合形成に使えるようになる（図2.12）．2s軌道の電子を2p軌道に昇位させるにはエネルギーが必要であるが，共有結合が二つ増えることによって得られるエネルギーで容易に補われる．

[*3] CH_2 はカルベンといい実在する物質であるが，非常に不安定である．

☞ one rank up !
昇位
より安定な軌道から，不安定な軌道に電子を動かすことを昇位という．2sと2p軌道のエネルギーの差は小さいため，電子は2s軌道から2p軌道に容易に昇位することができる．

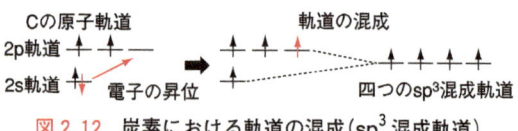

図2.12　炭素における軌道の混成（sp^3混成軌道）

このように考えると，炭素が四つの結合をつくれることがわかるだろう．

CH_4 が正四面体構造をしていることからわかるように，この4個の価電子を使ってつくられる結合は区別ができない．このことは，4個の価電子が入っている4個の軌道はすべて等価であることを示している．すなわち，CH_4 中の炭素原子の4個の価電子は，2s, $2p_x$, $2p_y$, $2p_z$ という四つの軌道を混ぜあわせて新たにつくられた四つの等価な軌道に1個ずつ配置されているのである（図2.13）．

この新たな軌道を **sp^3混成軌道** という（sp^3 とは，s軌道1個とp軌道3個が混成していることを示す）．それぞれのsp^3混成軌道は，2sの軌道を

☞ one rank up !
軌道の混成と波動関数
原子軌道はある波動関数で表される．混成とは，原子軌道を表す波動関数の間の演算によって，新しい波動関数で表される軌道を組み立てることともいえる．

2.3 原子軌道の混成から分子の形を理解する   27

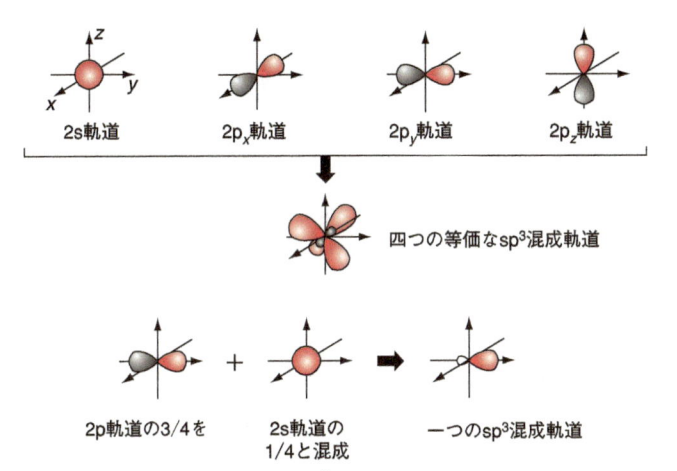

図2.13 sp³混成軌道の形

このsp³混成軌道とH原子の1s軌道が重なりあうことで，それぞれの価電子が共有されてσ結合が生成する．

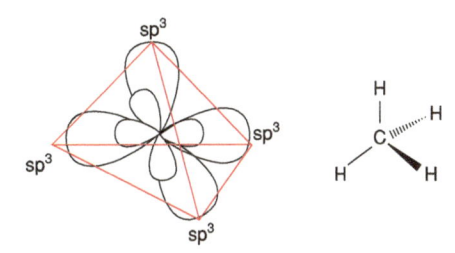

図2.14 CH₄の形と軌道の重なりの様子

メタンの結合角∠HCHは109.5°で，sp³混成軌道がつくる角度と一致している．メタンを線結合構造式で表す場合，紙面上に乗っている結合を—，紙面から上に突きだした結合を◢，下に向いている結合を◣で表すと，立体的な形がよく理解できる．

4分の1と，2pの軌道を4分の3混ぜあわせたものである(図2.13)．p軌道は原子核の位置にある節面で位相が変わるが，s軌道は球対称なので，sp³混成軌道は片方のローブ*4が大きくなり，このため他の軌道と相互作用しやすくなる．それぞれのsp³軌道はエネルギー的に等しく，空間的に互いにもっとも離れた領域を占める(電子どうしは電気的に反発するから

*4 p軌道やd軌道には電子が存在しない部分があるため，軌道は2〜4の部分に分かれている．その各部分をローブと呼んでいる．

コラム　さまざまな性質を示すフラーレン

図のような構造を見て何を思いだすだろう．そう，サッカーボールにそっくりだ．これは，フラーレン(C_{60})という化合物で，炭素の同素体の一つである．炭素の同素体として，黒鉛やダイヤモンドはよく知っているだろうが，この化合物も知っていただろうか．

このフラーレンは1985年に発見された比較的新しい同素体である．炭素原子が共有結合によって正六角形と正五角形をつくり，全体として球形を構成している．炭素原子間の棒を価標だと考えればよい．この他にも C_{70}, C_{120}, C_{180} などいろいろな構造が存在する．さらに，長いチューブ状のものも存在し，これはカーボンナノチューブと呼ばれている．

フラーレンは，ただ形が面白いだけでなく，さまざまな特徴をもっている．以下に，その一部を紹介しよう．C_{60} が分子性結晶構造をとり，さらにカリウムなどのアルカリ金属が加えられると超伝導性を示すことがある．

また，C_{60} を黒鉛などの基盤で挟むと，C_{60} とこの基盤との摩擦係数がほとんどゼロになるので，分子レベルでのきわめてすぐれた潤滑剤となるのではないかと期待されている．

さらに，フラーレンの内部に分子を取り込んで反応させるという，一種の触媒作用も期待されている．

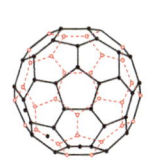

C_{60} の図

である)ので，正四面体の中心から頂点に向かう方向性をもつ．このため，sp³ 混成軌道どうしがつくる角度は109.5°となる(図2.14)．

アンモニアに見られる混成軌道

アンモニア(NH_3)分子は三角錐型をしていて，∠HNH の結合角は106.7°であり，sp³ 混成軌道がつくる角度に近い．これは，軌道の混成の概念が炭素以外にも適用できることを示している．アンモニアの結合を，軌道の混成を使って考えてみよう．

窒素原子 N の価電子の電子配置は $2s^2 2p_x^1 2p_y^1 2p_z^1$ である．軌道を混成して四つの sp³ 混成軌道をつくると，その一つには電子対が，他の三つには不対電子が入る．不対電子が入った三つの sp³ 混成軌道が三つの H 原子の 1s 軌道と相互作用して，アンモニア分子ができる．すなわち，NH_3 分子の三角錐型構造は，四面体型構造の頂点の一つが非共有電子対で占められてできた構造である(図2.15)．アンモニア分子の結合角が106.7°と109.5°より小さいのは，共有電子対間の反発よりも非共有電子対と共有電子対間の反発の方が大きいので，共有電子対間の角度が狭まったためである[*5]．

[*5] 非共有電子対間の反発はさらに大きい．

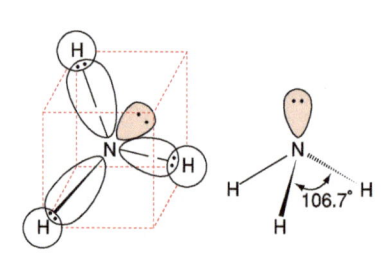

図 2.15 NH_3 の形

例題2.5 水分子(H_2O)の結合角∠HOH は104.5°である．sp³ 混成軌道の考え方を用い，図2.15のように，水分子の構造を示せ．また，結合角がメタンの∠HCH(109.5°)やアンモニアの∠HNH(106.7°)よりも小さい理由を説明せよ．

【解答】

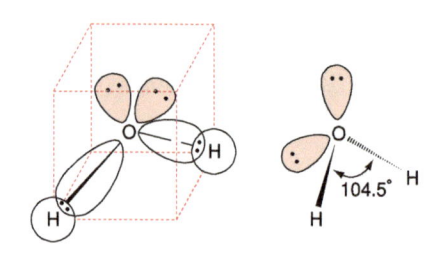

O 原子は sp³ 混成軌道をつくり，そのうちの二つは二つの H 原子の 1s 軌道とそれぞれ相互作用して σ 結合を形成する．残りの二つの軌道には

非共有電子対が入っている．非共有電子対間の反発は非共有電子対と共有電子対間の反発や共有電子対間の反発よりも大きいため，結合角はNH_3の∠HNHよりさらに小さくなる．

エタン分子の形

エタン(C_2H_6)は図2.16のような構造をしている．109.6°という結合角∠HCCが示すように炭素は二つともsp^3混成をしていて，C-C単結合はsp^3混成軌道どうしの相互作用によるσ結合，C-H単結合はsp^3混成軌道と1s軌道の相互作用によるσ結合となっている．

エタン分子C_2H_6の構造を線結合構造式で書いてみよう．図2.16のような分子の立体的な形ではなく，つぎのように平面的な構造式でも表すことができる．有機化学における基本的な化合物である，炭素と水素からなる化合物(炭化水素という)を表す場合，線結合構造式は複雑になるためC-HやC-Cなどの単結合を省略したかたちでもしばしば表記される(C-C単結合は省略されない場合もある)．

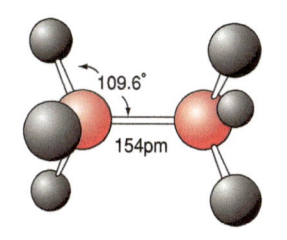

図2.16 エタン分子の形
赤い球がC原子，黒い球がH原子を表している．

```
    H H
    | |
 H-C-C-H            CH₃-CH₃   あるいは   CH₃CH₃
    | |
    H H
   線結合構造式              省略した構造式
```

例題2.6 プロパンC_3H_8分子の線結合構造式を書いてその立体的な形を示せ．

【解答】

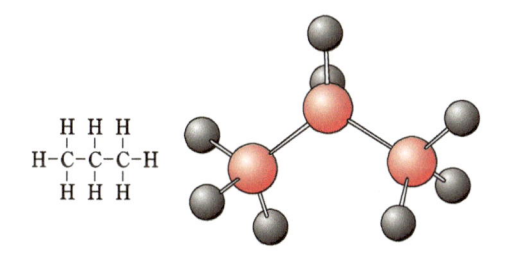

《解説》 三つのC原子はいずれもsp^3混成軌道をつくり，それぞれを中心とする四面体構造の頂点にHまたはCを配してσ結合を形成した構造をしている．したがって，C-C-Cの骨格は折れ線型になる．真ん中のC原子は二つのC原子と二つのH原子との間にσ結合をつくっている．両端のC原子は三つのH原子と一つのC原子との間にσ結合をつくっている．

三つの軌道が混成してsp^2混成軌道ができる

エテン(エチレン)C_2H_4の構造式は$CH_2=CH_2$であり，そのすべての原子

は同一平面上にあることが知られている．どうしてこのような構造になっているのか，混成軌道の概念を用いて考えてみよう．

エテンの炭素原子は 2s 軌道と二つの 2p 軌道を混成して三つの sp^2 混成軌道をつくっている（図2.17）．

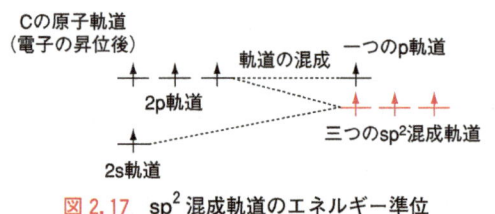

図 2.17 sp^2 混成軌道のエネルギー準位

混成してできた三つの軌道は等価であり，同一平面にあって，正三角形の中心の位置にある炭素から各頂点へ向かう方向に位置している（図2.18）．この三つの sp^2 軌道にはいずれも電子が 1 個入っていて，二つの sp^2 混成軌道は 2 個の H と σ 結合をつくり，残りの sp^2 混成軌道は互いに相互作用して σ 結合をつくる．これらの結合角はほぼ120°になる．残った一つの p 軌道は平面に対して垂直に立っていて，互いに相互作用して π 結合をつくる．

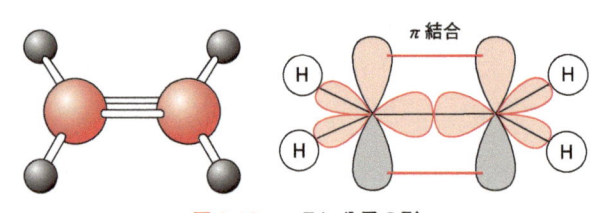

図 2.18 エテン分子の形
エテンの炭素–炭素間の二重結合は，一つのσ結合と一つのπ結合からできている．

例題2.7　プロペン C$_3$H$_6$ 分子の構造式を書いてその形を示せ．

【解答】

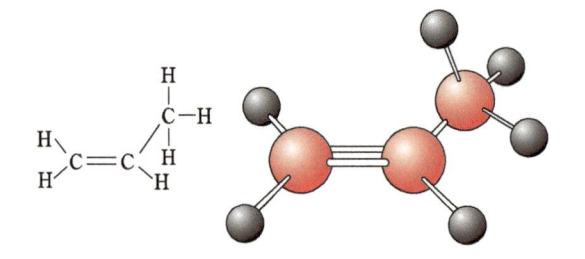

《解説》　C=C について考えると，この二つの C 原子に直接結合する四つの原子（H 原子が三つと C 原子が一つ）は，エテンにおける四つの H 原子と同じ関係にある．つまり，結合角が互いに120°である．C=C の二つ

のC原子はsp²混成軌道をつくるので，このC=C二重結合は，混成軌道によるσ結合と混成軌道をつくっていない1組のp軌道によるπ結合とでできている．その他の単結合は，sp²混成軌道とs軌道(H原子との結合)か，sp²混成軌道とsp³混成軌道(C原子との結合)によるσ結合である．一方，構造式の右端のC原子はsp³混成結合をつくり，一つのC原子，三つのH原子とσ結合を形成している．

s軌道一つとp軌道一つでsp混成結合がつくられる

エチン(アセチレン)の構造式はHC≡CHであり，直線状の分子である．エチンでは，C原子はs軌道と一つのp軌道を混成して二つのsp混成軌道をつくっている(図2.19)．

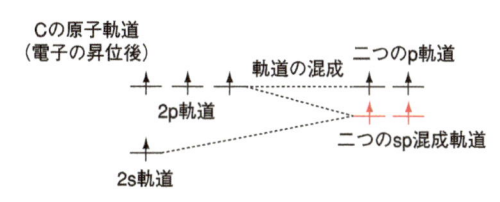

図2.19 sp混成軌道のエネルギー準位

この二つの等価なsp混成軌道は互いに正反対の方向に向いていて，一つはH原子とσ結合をつくり，もう一つは互いに相互作用してσ結合をつくる．これらの結合角は180°になる(図2.20)．混成に使用されなかった残りの二つのp軌道は互いに相互作用して二つのπ結合をつくる．

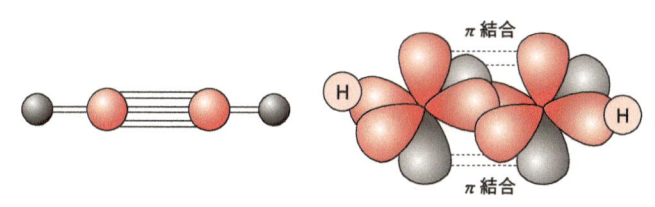

図2.20 エチン分子の形
エテンの炭素-炭素間の三重結合は一つのσ結合と二つのπ結合からできている．

結合距離

結合によって結びついている二つの原子核の間の距離を**結合距離**という．共有結合における結合距離は，結合に使用している軌道の種類によって変化する．たとえば，H-Hの結合距離は74 pmと短い．これは，1s軌道が核に近いところに電子の分布をもつためである．この値よりも結合距離が長くなると原子軌道間の相互作用が弱くなり，また，短くなると原子軌道間の相互作用は強くなるものの原子核間の静電反発が非常に強まって，ともに不安定となる．

> **one rank up !**
> **長さの単位**
> 結合距離を表す場合，
> pm(pico meter) = 10^{-12} m,
> nm(nano meter) = 10^{-9} m,
> Å(angstrom) = 10^{-10} m などの単位が使われることが多い．

このように，結合距離は核間の反発力と軌道の相互作用による求引力のバランスで決まる．C-H 結合が110 pm，C-C 結合が154 pm と H-H 結合よりも長くなるのは，炭素の sp^3 混成軌道が，より原子核から遠い位置に電子の存在確率の高い部分(電子雲)があるためである．C-N 結合や，C-O 結合の結合距離は結合に使用している軌道の種類が同一であるため C-C 結合とほぼ同じである．

C-C 単結合と C=C 二重結合の結合距離を比べると二重結合の方が短いのは，原子核が近づいた場合に核間の静電反発力は同一であるが，原子軌道間の相互作用による求引力が二重結合の方が大きいので，より近づいた位置でバランスが取れるためである．同様に，C≡C 三重結合の結合距離はさらに短くなる．表2.1に，代表的な結合距離を示す．

表2.1 代表的な結合距離(pm)

結合	結合距離	結合	結合距離	結合	結合距離	結合	結合距離
H-H	74	C-C	154	C-N	147	C-Cl	178
C-H	110	C=C	134	C-O	143	C-Br	193
N-H	101	C≡C	120	C-F	139	C-I	214
O-H	96						

一つの原子が二つの電子をだす配位結合

アンモニア NH_3 は水素イオン H^+ と結合してアンモニウムイオン NH_4^+ となる．NH_3 はすでにオクテット則を満たしているのに，なぜ H^+ と結合するのだろうか．

これは，NH_3 の N 原子は非共有電子対が入った sp^3 混成軌道をもつためである．この電子対が詰まった軌道は，電子が入っていない H^+ の空の 1s 軌道と相互作用を起こす(図2.21)．その相互作用によって生成した結合性軌道に N 原子の電子対が入って σ 結合が形成される．

このように，原子の一方が共有電子対の電子を二つとも提供する共有結合を**配位結合**という．配位結合も共有結合の一種であり，NH_4^+ の四つの

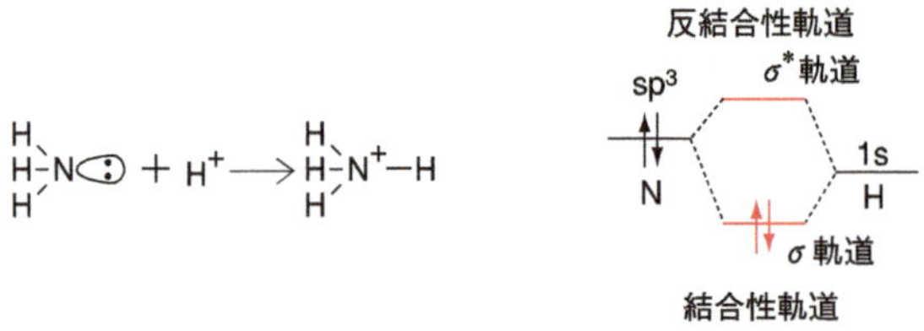

図 2.21 配位結合の形成

σ結合はすべて同等で区別ができない．このため，NH_4^+ はメタン CH_4 と同じ，正四面体構造をしている．

電子対を引きつける強さを示す電気陰性度

塩化水素分子 HCl は σ 結合によって結合している．この σ 結合は H 原子の 1s 軌道と Cl 原子の 3p 軌道の相互作用によって生じた結合であり，H 原子と Cl 原子は電子を一つずつだしあっている．しかし，共有電子対は H 原子と Cl 原子とに均等に分布しているのではなく，Cl 原子側に偏って分布している．これは，H よりも Cl の方がより強く共有電子対を引きつける性質をもっているからである．この，原子が共有電子対を引きつける度合いを **電気陰性度** という．

原子番号が大きくなればなるほど，原子核にある正の電荷が大きくなるため，電子は原子核により強く引きつけられる．図1.16の原子軌道のエネルギー準位が，原子番号が大きくなればなるほど安定となるのは，このためである．周期表の同じ周期であれば，周期表の左から右へいくほど電気陰性度は増加する．

原子番号が大きくなればなるほど，それに対応して電子の数も増えて，価電子が入る軌道も 1s から，2s・2p，3s・3p と原子核から離れた位置に分布する軌道となり，原子核が価電子に及ぼす力は減少する．また，価電子が原子核に引きつけられるのを内部の軌道にある電子が防ぐ効果（遮蔽効果という）があるため，周期表の下にいくほど，電気陰性度は減少する（図2.22）．

炭素-炭素間のように同じ種類の原子が結合するときには電子の偏りはないが，H-Cl のような違う種類の原子が結合するときには電子の偏りが生じて，電気陰性度の高い原子が共有電子対をより引きつける．すると，水素原子側では電子の存在確率の減少により部分的な正電荷（δ+）が生じ，

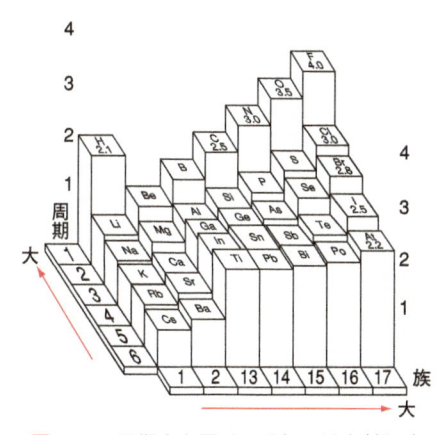

図 2.22 周期表と原子の電気陰性度（部分）

> **one rank up!**
> **分極と極性**
> "分極"とほぼ同義の用語に"極性"というものがある。極性は polarity の訳語で，電荷の偏りが生じている状態を指す．分極は polarization の訳語で，"極性が生じること"，あるいは"極性化"のことを指す．

逆に塩素原子側では部分的な負電荷($\delta -$)が生じる．これを**分極**という．

このような共有結合の分極は化合物の反応性に大きな影響を及ぼしている．

例題2.8 つぎの分子を線結合構造式で表し，分極の様子を$\delta +$，$\delta -$の記号をつけて示せ．
(1) NH_3 (2) CO_2 (3) H_2O

【解答】 (1) $^{\delta +}H\text{-}\overset{\delta -}{N}\text{-}H^{\delta +}$ (2) $^{\delta -}O=\overset{\delta +}{C}=O^{\delta -}$ (3) $^{\delta +}H\text{-}\overset{\delta -}{O}\text{-}H^{\delta +}$
　　　　　$\underset{\delta +}{\overset{|}{H}}$

《解説》 電気陰性度の大きさは，$O > N > C > H$ である．

2.4 静電気力で結びつくイオン結合

イオン結合と組成式

ここでは，共有結合とは違い，二つの原子の間で電子対を共有しないタイプの結合について考えていこう．

例として，塩化ナトリウム NaCl の間の結合を見てみよう．ナトリウムの価電子の電子配置は $3s^1$，塩素の価電子の電子配置は $3s^2 3p^5$ である．共有結合と同じように考えると，ナトリウム原子の 3s の軌道と塩素原子の 3p の軌道の相互作用により，σ 結合ができるように思えるかもしれない．しかし，実際には電気陰性度の違いが大きすぎるため，電子対はもはや両原子によって共有されずに，ほぼ完全に塩素原子側に移ってしまう．すなわち，ナトリウム原子は Na^+，塩素原子は Cl^- として存在している．

このようにしてできた陽イオン(カチオン) Na^+ と陰イオン(アニオン) Cl^- は，静電気力(クーロン力)で引きあって結合する．このような結合を**イオン結合**と呼ぶ．このイオン結合によってできている物質をイオン結晶といい，結晶全体としては電気的に中性である．

たとえば，塩化ナトリウムは Na^+ と Cl^- とが 1：1 の比で結合していて NaCl と表される(図2.23)．これを**イオン結晶の組成式**という(＋，－は省略する)．

2族元素であるマグネシウム Mg，3族元素であるアルミニウム Al はそれぞれ 2 価，3 価の陽イオン Mg^{2+}，Al^{3+} になる．これらの陽イオンの電子配置はいずれも Ne と同じである．たとえば，Mg^{2+} と F^- によるイオン結晶では，イオンの数の比が 1：2 となると電気的に中性となるので，MgF_2 という組成式になる(イオンの価数を表す数と符号は省略される)．

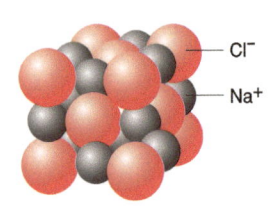

図2.23 NaCl の結晶構造

イオン結合と共有結合

電気陰性度は共有結合の極性を表す指標であるが，原子のカチオンやアニオンへのなりやすさの指標でもある．電気陰性度が大きい元素はアニオンになりやすく，電気陰性度が小さい元素はカチオンになりやすい．このため，電気陰性度の差が非常に大きな原子どうしの化学結合はイオン結合となる[*6]．一方，水素分子のように，同じ種類の非金属原子が結合する場合は，極性がないので完全な共有結合である．

前項で述べた分極した共有結合は，電気陰性度の差がそれほど大きくない原子間の化学結合で，共有結合にイオン結合が混ざった性質を示し，**極性共有結合**と呼ばれる．共有電子対の極性は結合のイオン性（電気陰性度の差）が増えるほど大きくなる．

[*6] 電気陰性度の差が2以上の原子間の結合は，ほぼ完全にイオン結合である．

☞ **one rank up !**

電気陰性度の計算方法
電気陰性度にはいくつかの計算方法がある．一つは第一イオン化エネルギーと電子親和力から計算する方法であり，もう一つは共有結合の分極の度合いから計算する方法である．どちらで計算しても，ほぼ同じ数値になる．

2.5 共有結合やイオン結合よりも弱い結合

物質の状態が結合に影響する

分子は温度に応じた運動（熱運動）をしている．温度が高いと熱運動は激しくなり，各分子がランダムに運動し，空間に広がっていく．この広がっていく現象を**拡散**といい，空間を分子がランダムに熱運動している状態が**気体状態**である．

一方，分子と分子の間には**分子間力**と呼ばれる力が働いている．温度を低くすると熱運動が小さくなり，この分子間力によって分子どうしが集まって結晶をつくる．このとき，分子は位置を変えずにその場で振動という

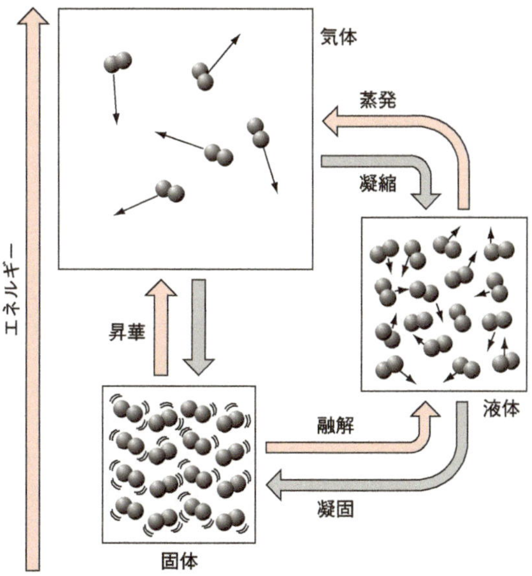

図2.24 三態変化
分子性物質だけでなく，イオン結晶や金属にもあてはまる．

熱運動をしているだけである．このような状態が固体状態である．

また，熱運動が気体と固体の中間であり，分子が分子間力で集合しながらも互いの位置を入れ替えながら熱運動するような状態が存在する．これが液体状態である．この三つの状態をまとめて物質の三態という（図2.24）．

固体が液体になる温度（融点）や液体が気体になる温度（沸点）は分子間力に大きく影響を受ける．また，分子間力にはファンデルワールス力，極性分子間の相互作用，水素結合がある．これらについて順に見ていこう．

ファンデルワールス力

分子と分子の間には弱い力が作用している．この力をファンデルワールス力という．この力によって分子は緩やかに結びついて結晶を生じる（分子結晶）．同じような分子構造をしている化合物の間で比べると，分子量が大きい分子ほどファンデルワールス力は大きく，融点や沸点も高くなる（表2.2）．

表2.2 直鎖状アルカンの融点と沸点

炭素数	名称	分子量	分子式	融点(℃)	沸点(℃)	常温での状態
1	メタン	16.04	CH_4	−183	−161	気体
2	エタン	30.07	C_2H_6	−184	−89	
3	プロパン	44.10	C_3H_8	−188	−42	
4	ブタン	58.12	C_4H_{10}	−138	−1	
5	ペンタン	72.15	C_5H_{12}	−130	36	液体
6	ヘキサン	86.18	C_6H_{14}	−95	69	
7	ヘプタン	100.20	C_7H_{16}	−91	98	
8	オクタン	114.23	C_8H_{18}	−57	126	
9	ノナン	128.26	C_9H_{20}	−54	151	
10	デカン	142.28	$C_{10}H_{22}$	−30	174	
18	オクタデカン	254.49	$C_{18}H_{38}$	28	317	固体

極性分子と無極性分子

分子構造が異なる分子ではファンデルワールス力はどうなるだろうか．塩化水素 HCl とフッ素 F_2 を比べると，分子量は36.46と38.00であまり変わらないが，沸点は −85 ℃（HCl）と −188 ℃（F_2）と，かなりの差がある．この理由を考えてみよう．

H-Cl の共有電子対は，H と Cl の電気陰性度に差があるために分極して，

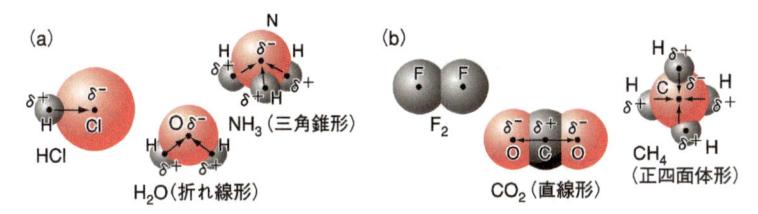

図 2.25 極性分子と無極性分子の例
結合の極性の方向を→で表す．

Cl 側にやや引きつけられている（$^{\delta+}$H-Cl$^{\delta-}$）．このとき，全体としては電気的に中性であっても，塩化水素の分子内では正負の電荷の中心がずれている．このような分子を**極性分子**という〔図2.25(a)〕．

一方，F-F における共有電子対は両原子に均等に配分されており，局所的な正負の帯電が生じない．このような分子を**無極性分子**という〔図2.25(b)〕．極性分子では，分子間にファンデルワールス力以外に静電気的な引力が作用するため，無極性分子より強く結びつくことになり，沸点や融点が高くなる．

例題2.9 つぎの分子を極性分子と無極性分子に分けよ．
CCl_4, H_2O, HF, CH_2Cl_2, Br_2

【解答】 極性分子 H_2O, HF, CH_2Cl_2 無極性分子 Br_2, CCl_4

《解説》 極性分子と無極性分子とを区別する場合，注意すべき点が二つある．一つは分子の対称性であり，もう一つは結合の極性の有無である．
たとえば，H_2O は折れ線型分子であり，O-H 結合には極性があるので極性分子である．また，HF は H-F であり，結合には極性があるから極性分子である．

同じ形をしていても，極性のある場合とない場合がある．CH_2Cl_2 は図2.26のような四面体構造をしており，C-H，C-Cl 結合はともに極性をもつ．よって，正負の電荷の中心が一致しないから極性分子である．

一方，CCl_4 の C-Cl 結合には極性があるが，分子が正四面体構造をしているので正負の電荷の中心がともに分子の中心である C 原子に一致している．このため無極性分子である．

また，Br_2 は同一の原子間の結合であるから，結合そのものに極性がない．

図 2.26 CH_2Cl_2 の構造

水素結合で極性分子が結びつく

分子内で，電気陰性度の大きい F，O，N などの原子と H 原子とが共有結合をしている場合，その H 原子と他の分子中の F，N，O 原子との間に

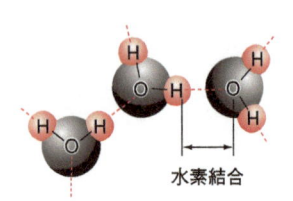

図 2.27 水素結合の様子

☞ **one rank up !**
有機化合物の水素結合
水素結合は，アルコールやカルボン酸（8章，10章を参照）などの分子間相互や水との間にも見られる．

比較的強い結合が生じる．この水素原子Hを介した結合を**水素結合**という（図2.27）．水素結合は一般の極性分子間に働く力より強く，共有結合より弱い．

ここまでにでてきた，水素結合，極性分子間の相互作用，ファンデルワールス力をまとめて分子間力という．力の大きさは，水素結合＞極性分子間の相互作用＞ファンデルワールス力である．

例題2.10 メタノール CH_3-O-H 分子間の水素結合の状態を示せ（水素結合は点線で記すこと）．また，メタノール（分子量約32）は，沸点約65℃と，分子量がほぼ同じ酸素分子（沸点約-183℃）やエタンに比べて，著しく沸点が高い理由を述べよ．

【解答】 CH_3-O⋯⋯H-O-CH_3
　　　　　　　　|
　　　　　　　　H

分子間で水素結合が生じる．よって，それに打ち勝って気体になるには，より大きな熱運動のエネルギーが必要なため．

《解説》 あるメタノール分子のOと他のメタノール分子のHとの間で水

水素結合の不思議

水素結合は，物質の沸点や水への溶解性に大きな影響を与える．

たとえば，同じ分子量のジエチルエーテル C_2H_5-O-C_2H_5 と 1-ブタノール $CH_3CH_2CH_2CH_2OH$ を比べてみると，沸点は前者が34.5℃，後者が117℃である．これは，ジエチルエーテルが同じ分子間で水素結合をつくらないのに対し，1-ブタノールは同じ分子間でつぎのように水素結合をつくるからである．

　　　　　　水素結合
$CH_3CH_2CH_2CH_2O$⋯⋯H-$OCH_2CH_2CH_3$
　　　　　　　　　|
　　　　　　　　　H

このように，水素結合がつくられると，見かけ上の分子量が大きくなり沸点が高くなる．

つぎは，水への溶解性を考えてみよう．ジエチルエーテルは，中心の酸素原子Oが水分子のHと水素結合をつくるのでいくぶん水に溶ける（溶解度は約6％）．1-ブタノールも水分子と水素結合をつくるから，水に溶ける（溶解度は約7％）．これに対して，これらの分子とほぼ等しい分子量のペンタン C_5H_{12} は，沸点は36℃でジエチルエーテルとほぼ同じであるが，水と水素結合をつくらないのでほとんど水に溶けない（溶解度は約0.04％）．これは，異なる分子間での水素結合の有無が，溶解度に影響していることを示している．

最後に，タンパク質の水素結合について見てみよう．タンパク質は大きな分子で，分子内，分子間いずれにも水素結合がある．たとえば，髪の毛もタンパク質の集まりであるが，乾燥した硬い髪の毛が水に濡れると柔らかくなる．これは，水の作用によってタンパク質分子間の水素結合が弱まることが原因の一つである．

このように，水素結合は，いろいろな化合物のいろいろな性質に影響を与えている．

素結合が生じる．

化学結合と物質の性質

結晶は，それを構成する粒子間に作用する結合力の性質によって，イオン結晶（イオン結合），分子結晶（分子間力），共有結合性結晶（共有結合），金属結晶（金属結合）に大別される（表2.3）．これらの結合力の大小を大まかに比較すると，共有結合＞イオン結合＞分子間力となる．金属結合は元素によって異なり，幅広い値をとる．

☞ one rank up！
金属結合
金属結合では自由電子が結晶全体で共有されるようなイメージを描くことができる．これにより電気伝導性も説明される．

表2.3 結晶の種類と性質

結晶の種類	結合の種類	性質	例
イオン結晶	イオン結合	融点は高く，常温で固体 硬くてもろい 固体は電気を通さないが，液体は電気をよく通す	NaCl CaO
分子結晶	分子間力	融点は低く，昇華しやすい やわらかい 電気を通さない	CO_2（ドライアイス） I_2 $C_{10}H_8$（ナフタレン）
共有結合結晶	共有結合	非常に硬い 融点が高く，常温で固体 水に溶けない 電気を通さない	SiO_2（水晶） C（ダイヤモンド）
金属結晶	金属結合	固体でも液体でも電気を通す 熱を伝えやすい	Hg Cu

2.6 酸と塩基の性質

酸性と塩基性

塩酸 HCl，硫酸 H_2SO_4，酢酸 CH_3COOH などの酸と呼ばれる物質には，「その水溶液が酸味を帯びている」，「鉄や亜鉛と反応して水素を発生する」，「青色リトマス試験紙を赤変させる」などの共通した性質がある．この性質を**酸性**という．

一方，水酸化ナトリウム NaOH，水酸化バリウム $Ba(OH)_2$，アンモニア NH_3 などの塩基と呼ばれる物質には，「その水溶液が苦みを帯びている」，「手につけるとぬるぬるする」，「赤色リトマス紙を青変させる」などの共通した性質がある．この性質を**塩基性**という．酸性も塩基性も示さない性質を**中性**という．水は典型的な中性物質である．

酸と塩基の最初の定義

上記のような経験則的な酸と塩基ではなく，はじめて化学的に酸と塩基を定義したのがスウェーデンのアレーニウスである．彼は1887年に，酸と塩基をつぎのように定義した．

酸：水にとけて水素イオン H^+（厳密にはオキソニウムイオン H_3O^+）を生じる物質．

$$HCl \longrightarrow H^+ + Cl^- \tag{2.1}$$

塩基：水にとけて水酸化物イオン OH^- を生じる物質．

$$NaOH \longrightarrow Na^+ + OH^- \tag{2.2}$$

すなわち，酸性の原因物質を水素イオン H^+（H_3O^+），塩基性の原因物質を水酸化物イオン OH^- としたのである．

中和反応により塩が生じる

酸と塩基を反応させたとき，酸と塩基より生じる H^+ と OH^- との量が等しいと，互いの性質を完全に打ち消して**塩**と水が生じる．このような反応を**中和反応**という．つぎの中和反応においては NaCl が塩である．

$$HCl + NaOH \longrightarrow NaCl + H_2O \tag{2.3}$$

酸・塩基の定義の拡張

水溶液中では，H^+ と OH^- はつぎのように反応して水 H_2O を生じる．

$$H^+ + OH^- \longrightarrow H_2O \tag{2.4}$$

水は典型的な中性物質である．よって，この反応を，酸性を示す H^+ が OH^- によってその性質を打ち消されたために中性の水が生じたと見なすことも可能である．すなわち，塩基とは酸性を打ち消す物質であるとも考えることができる．すると

$$NH_3 + H^+ \longrightarrow NH_4^+ \tag{2.5}$$

の反応において，NH_4^+ はもはや酸性を示さないため，NH_3 を塩基と考えることができる．

以上のような推察に基づいて，ブレンステッドとローリーは1923年に酸と塩基をつぎのように定義して，酸と塩基の概念を拡張した．

酸：H^+ を与える分子やイオン．
塩基：H^+ を受け取る分子やイオン．

この定義に従うと，式(2.4)や式(2.5)も中和反応と見なすことができるし，つぎの反応の CaO も塩基であるということができる．

$$CaO + 2HCl \longrightarrow CaCl_2 + H_2O \tag{2.6}$$

例題2.11 ブレンステッドらの定義によると，つぎの反応では，どの物質が酸でどの物質が塩基となるか．
(1) $H^+ + H_2O \longrightarrow H_3O^+$
(2) $NH_3 + H_2O \longrightarrow NH_4^+ + OH^-$

【解答】 (1) 酸：H^+，塩基：H_2O (2) 酸：H_2O，塩基：NH_3

《解説》 ブレンステッドとローリーの定義は，「酸とは H^+ を与える分子やイオン」「塩基とは H^+ を受け取る分子やイオン」であるから，(1)では，H^+ そのものが酸，H^+ を受け取る H_2O が塩基である．
(2)では，H_2O が H^+ を NH_3 に与えているから，H_2O が酸，NH_3 が塩基である．

アレーニウスの定義では，水は媒体として不可欠であり，また，酸性でも塩基性でもない中性の化合物である．ところが，ブレンステッドらの定義では，水は媒体として必ずしも必要ではない．また水は，中性の化合物ではなく，むしろ，酸としても塩基としても作用する両性の化合物となる．水が酸として働く例と，塩基として働く例を見てみよう．

まずは，水が酸として働く反応である．水素化ナトリウム NaH は水素アニオン（H^-）とナトリウムカチオン（Na^+）からなるイオン性の化合物である．水に加えると激しく反応して水素ガスと水酸化ナトリウムを生成する．

$$\underset{\text{塩基}}{NaH} + \underset{\text{酸}}{H_2O} \longrightarrow NaOH + H_2 \tag{2.7}$$

この反応では，水素化ナトリウムは水から水素イオン（プロトン）を奪っているため塩基であり，水はプロトンを与えているため酸として働いている．

つぎは，水が塩基として働く例を見てみよう．塩化水素を水に溶かすと，オキソニウムイオンと塩化物イオンが生成する．塩化水素は水にプロトンを与えているため，酸であり，水はプロトンを受け取っているため，塩基として働いている．

$$\underset{\text{酸}}{HCl} + \underset{\text{塩基}}{H_2O} \longrightarrow \underset{\text{共役酸}}{H_3O^+} + \underset{\text{共役塩基}}{Cl^-} \tag{2.8}$$

ここで，酸(HCl)がプロトンを失って生じた化合物(ここでは塩化物イオン)をその酸の**共役塩基**と呼ぶ．一方，塩基(H_2O)がプロトンを受け取って生じた化合物(ここではオキソニウムイオン)をその塩基の**共役酸**と呼ぶ．表2.4に，代表的な酸と塩基を示した．

表2.4　代表的な酸と塩基

価数	弱酸	強酸	弱塩基	強塩基
1	酢酸 CH_3COOH	塩酸 HCl 硝酸 HNO_3	アンモニア NH_3	水酸化ナトリウム NaOH 水酸化カリウム KOH
2	硫化水素 H_2S	硫酸 H_2SO_4	水酸化銅(Ⅱ) $Cu(OH)_2$	水酸化カルシウム $Ca(OH)_2$
3	リン酸 H_3PO_4		水酸化鉄(Ⅲ) $Fe(OH)_3$	

価数とは，分子(化学式)一つあたりが生じる，または受け取る H^+ の数である．

ルイスの定義

同じく1923年，ルイスは酸・塩基の考えをさらに拡張して，つぎのような定義を行った．

酸：電子対を受け取る分子やイオン
塩基：電子対を与える分子やイオン

この定義により，媒介としての水や H^+ の存在などの制約が取り払われ，きわめて広範囲な反応を酸塩基の反応として理解できるようになった．

このルイスの定義による酸を**ルイス酸**と呼ぶ．一方，ブレンステッドらの定義に従う酸を**ブレンステッド酸**あるいは**プロトン酸**と呼ぶ．配位結合においては，非共有電子対を与える物質がルイス塩基，受け取る物質がルイス酸となる．

例題2.12　つぎの反応でルイス酸，ルイス塩基はどれか答えよ．

$$H_3N: + \underset{F}{\overset{F}{B}}:F \longrightarrow H_3\overset{+}{N}:\underset{F}{\overset{F}{B}}^-:F$$

【解答】　ルイス酸：BF_3，ルイス塩基：NH_3

《解説》　この反応では，水も水素イオンもでてこないが，ルイスの定義によると酸塩基反応となる．

章末問題

1 エテン C_2H_4，フッ化水素 HF，硫化水素 H_2S のルイス構造式を示せ．

2 つぎの物質量を求めよ．ただし，原子量は H = 1，C = 12，O = 16 とする．
(1) 3.2 g のメタン CH_4 (2) 23 g のエタノール C_2H_5OH
(3) 18 g の酢酸 CH_3COOH

3 0.20 mol/L の酢酸水溶液 200 mL をつくるには，何 g の酢酸 CH_3COOH が必要か答えよ．ただし，原子量を H = 1，C = 12，O = 16 とする．

4 17族元素（ハロゲン）の F と Cl を比較すると，F の方が電気陰性度が大きい．その理由を説明せよ．

5 CO_2 の形を混成軌道で説明せよ．

6 つぎのうちから極性分子を選べ．
① H_2S ② I_2 ③ CH_3Cl ④ CF_4 ⑤ NH_3

7 つぎの結合を極性の大きい順に並べよ．
    C-O   C-N   C-F   C-H

8 つぎの反応式において，共役酸，共役塩基の関係を説明せよ．
    $NH_3 + H_2O \longrightarrow NH_4^+ + OH^-$

9 つぎの反応について，ルイス酸とルイス塩基を示せ．
(1) $AlCl_3 + Cl^- \longrightarrow [AlCl_4]^-$
(2) $Ag^+ + 2NH_3 \longrightarrow [Ag(NH_3)_2]^+$
(3) $FeCl_3 + Cl^- \longrightarrow [FeCl_4]^-$

3章 有機化合物の特徴と構造

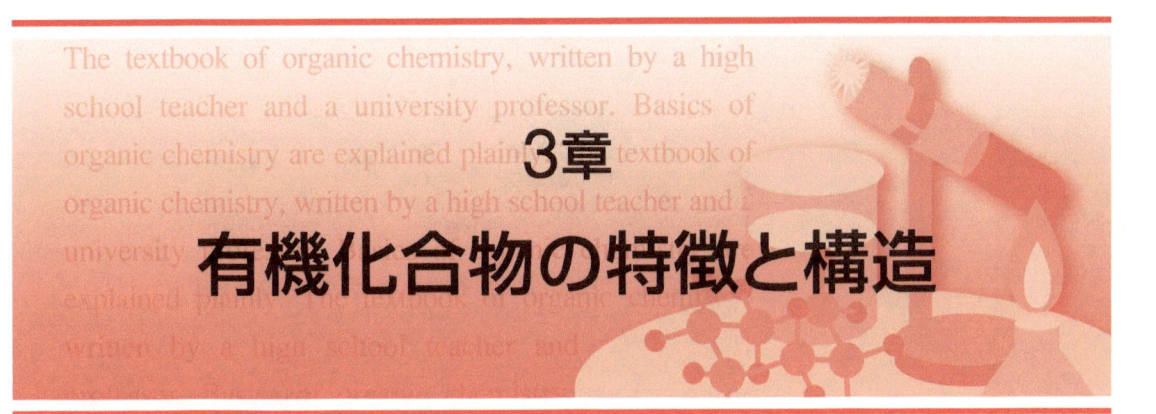

　もともとは，有機化合物とはエタノールや酢酸のように生命体がつくる化合物のことを指し，それ以外の化合物を無機化合物と呼んでいた．しかし，その後，有機化合物も無機化合物から人工的につくりだすことができるようになり，このような物質の区別は本質的ではなくなった．ただ，有機化合物が生命現象の特性に大きく関与していることは疑いがない．

　今日では，有機化合物は炭素原子を骨格とする化合物を指し，それ以外の化合物を無機化合物として区別している[*1]．有機化合物の特徴は炭素原子の特徴といってもよいかもしれない．

　この章では，有機化合物とはどういうものなのか，その大まかな特徴と構造を学んでいこう．

[*1] 二酸化炭素 CO_2 や炭酸塩（CO_3^{2-} を含む塩）は無機化合物に分類される．

3.1　有機化合物の多様性

どうして有機化合物は種類が多いのか

　たとえば，レゴというおもちゃは，その基本となるブロックはわずかの種類しかないが，それを用いれば限りなくたくさんの種類のものをつくることができる．これと同じことが有機化合物についてもいえる．

　有機化合物を構成する元素は，炭素，水素，酸素，窒素，硫黄，ハロゲンなどでごくわずかである．しかし，構成元素の種類とは逆に，有機化合物の種類はきわめて多い．その原因は炭素原子の周期表上の位置と電子配置にある．具体的には，つぎの通りである．

①炭素は，周期表で見ると電気陰性度が非金属元素中では中位にあり，他の非金属元素と極性の比較的小さい共有結合をつくる．炭素のように価電子を複数もつ原子は，繰り返し共有結合をつくって，つぎつぎにつながっていくことができる[*2]．

②炭素原子の価電子数は4である．そのため，炭素原子どうしが単結合，

[*2] イオン結合では，このようにつながっていくことはできない．

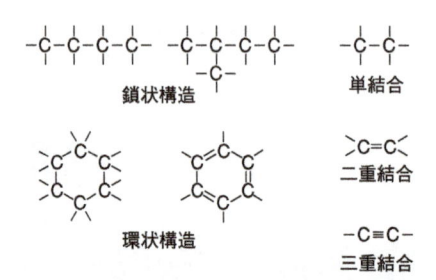

図3.1 炭素原子がつくる構造や結合の多様性
σ結合, π結合が組み合わされている.

二重結合, 三重結合をつくることができ, 多様な化合物を生じることができる.

炭素のこのような性質によって, 鎖状の長い分子, 枝分かれのある分子, 環状構造をもつ分子など, 炭素原子を骨格とした, きわめて多様な構造と大きさの分子がつくられる(図3.1). また C-C 単結合は, これを軸に自由に回転ができる. したがって, つぎに示す二つは同じ構造を表している.

有機化合物は, 炭素原子どうしの結合の種類によって, 大きく二つに分類される. 炭素原子間の結合がすべて単結合のとき**飽和化合物**といい, 炭素原子間に二重結合や三重結合を含む化合物を**不飽和化合物**という.

例題3.1 C原子5個と H原子12個をもつ分子の構造式をすべて示せ.

【解答】(1), (2), (3) 省略

《解説》分子式が C_5H_{12} なので, 炭素原子間の結合はすべて単結合になる (そうでないと, H が余ってしまう). C原子のつながりによる骨格を考えると, 解答の3種類が得られる.

〔構造式〕は(1)と, 〔構造式〕は(2)と同じものを表

している．

3.2 炭化水素を基本に有機化合物を分類する

炭化水素はもっともシンプルな有機化合物

炭素と水素だけからできている化合物を炭化水素という．これがもっともシンプルな有機化合物である．炭化水素の分類方法にはいくつかあるが，一般的な分類の一つに，鎖状構造のものと環状構造のものに分け，さらに飽和化合物と不飽和化合物とに分ける方法がある（図3.2）．

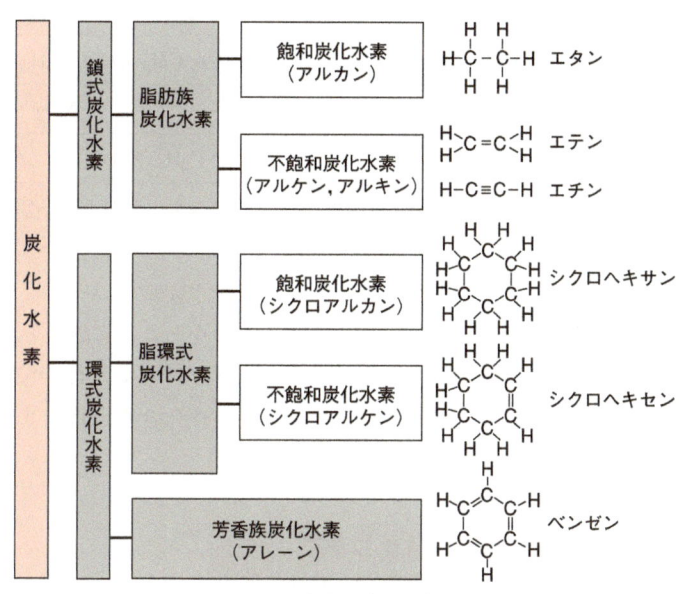

図 3.2 炭化水素の分類例

芳香族炭化水素はユニークな性質を示すので，環式炭化水素のなかで別扱いをしている．

化合物の性質を決める官能基

酸素や窒素など，炭素と水素以外の原子（ヘテロ原子という）を含む有機化合物は，炭化水素のいくつかの水素原子を他の原子や原子団（基という）で置き換えた（置換という）化合物だと考えることができる．たとえば，メタノール CH_3OH という化合物は CH_4 の H の一つが OH という基で置換された化合物だと考えることができる（図3.3）．

この OH のように，水素原子と置き換える基を置換基という．また，炭

図 3.3 メタンとメタノールの構造式

表 3.1 官能基による有機化合物の分類

官能基	構造	化合物の一般名称	化合物の例
ヒドロキシ基	-OH	アルコール	メタノール CH_3-OH
		フェノール類	フェノール C_6H_5-OH
エーテル結合	-O-	エーテル	ジエチルエーテル C_2H_5-O-C_2H_5
カルボニル基	-CO-	ケトン	アセトン CH_3-CO-CH_3
アルデヒド基	-CHO	アルデヒド	アセトアルデヒド CH_3-CHO
カルボキシ基	-COOH	カルボン酸	酢酸 CH_3-COOH
エステル結合	-COO-	エステル	酢酸エチル CH_3-COO-C_2H_5
ニトロ基	-NO_2	ニトロ化合物	ニトロベンゼン C_6H_5-NO_2
アミノ基	-NH_2	アミン	アニリン C_6H_5-NH_2
スルホ基	-SO_3H	スルホン酸	ベンゼンスルホン酸 C_6H_5-SO_3H

化水素からいくつかの水素原子がとれた基を**炭化水素基**という．

置換基のうちで，化合物の反応性を決めるものをとくに**官能基**という．つまり，官能基は反応の中心であるといえる．メタノールの OH も官能基の一つであり，**ヒドロキシ基**と呼ばれている．有機化合物は官能基によって分類される．代表的な官能基を表 3.1 に示した．

示性式を見れば化合物の性質がわかる

分子式のなかから官能基をとりだして示した化学式を**示性式**という．炭化水素基＋官能基という形式で多くの化合物を示性式で表すことができる．

例題 3.2 (1) 酢酸分子はどのような炭化水素の H の一つがカルボキシ基 COOH で置換されたものであるか，その炭化水素の分子式を示せ．さらに酢酸の構造式を示せ．

(2) フェノールはどのような炭化水素の H の一つがヒドロキシ基 OH で置換されたものであるか．その炭化水素の名称と分子式を示せ．

【解答】 (1) CH_4　　H-C(-H)(-H)-C(=O)-O-H　　(2) ベンゼン　C_6H_6

《解説》 (1) 酢酸の示性式は CH_3COOH である．メタン CH_4 の H の一つが COOH で置換されたものであることがわかるだろう．

(2) フェノールの構造式は，(構造式) となっている．ベンゼン (構造式) の H の一つが OH で置換されたことが読みとれる．

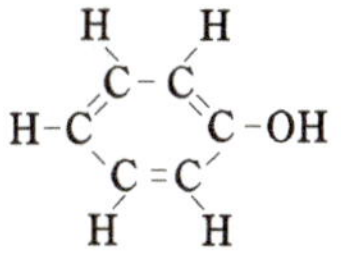

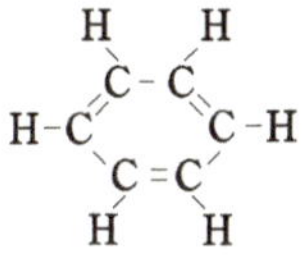

分子式は同じだが構造が違う異性体

分子式は等しいが構造が異なるために性質が異なる物質を**異性体**という．異性体のなかで，原子の結合のしかた（共有結合の順序）が異なっている異性体を**構造異性体**という[*3]．たとえば，分子式が C_4H_{10} である分子の構造式にはつぎの二つ〔ブタン（butane）と 2-メチルプロパン（2-methylpropane, isobutane）〕が考えられる．

*3 異性体には他にシス・トランス異性体，光学異性体などがある．これらについては，後で説明する．

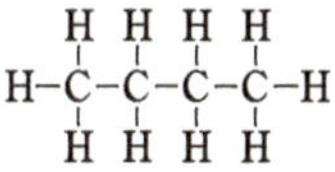

ブタン 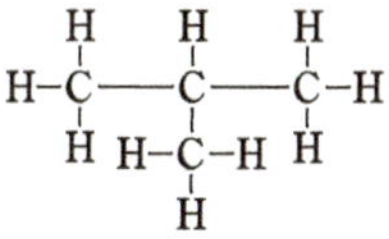　　　　2-メチルプロパン

このような関係を「ブタンと 2-メチルプロパンは互いに構造異性体である」という．また，分子式が C_2H_6O である分子の構造異性体をすべて構造式で示すと，つぎのようになる．

① (構造式)　② (構造式)

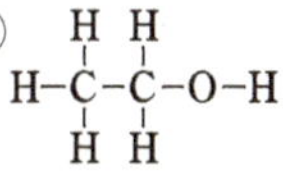

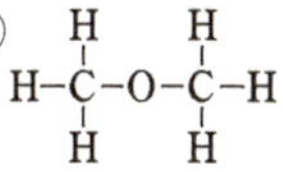

①はエタノール C_2H_5OH，②はジメチルエーテル CH_3OCH_3 という化合物である．一般にアルコールとエーテルには構造異性体の関係にある物質が存在する．

3.3 アルカンは有機の基本となる化合物

アルカンとは

メタン CH_4 やエタン C_2H_6 のように，分子式が C_nH_{2n+2}（$n = 1, 2, 3, \cdots$）で表される炭化水素を**アルカン**（alkane，鎖式飽和炭化水素）という．アルカンの炭素原子間の結合はすべて σ 結合でできた単結合であり，鎖状構造をしている（図3.4）．また，代表的なアルカンを，表3.2に示した．炭

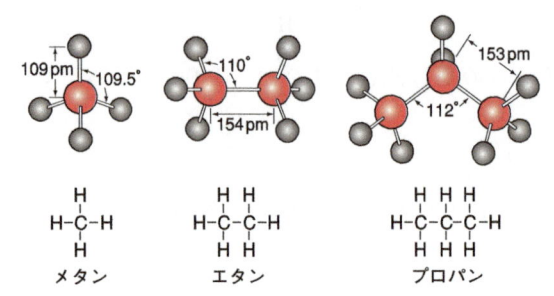

図3.4 簡単なアルカンの構造モデル
C-CやC-H結合の距離はほとんど変化しない．

素数の増加とともに分子間力が大きくなり，融点・沸点が高くなっていることがわかるだろう．

アルカンは天然ガスや石油中に含まれており，エネルギー源や化学製品の原料となっている．

表3.2 アルカンの例

炭素数	名称	英語名	分子式	融点 (℃)	沸点 (℃)	常温での状態
1	メタン	methane	CH_4	−183	−161	気体
2	エタン	ethane	C_2H_6	−184	−89	気体
3	プロパン	propane	C_3H_8	−188	−42	気体
4	ブタン	butane	C_4H_{10}	−138	−1	気体
5	ペンタン	pentane	C_5H_{12}	−130	36	液体
6	ヘキサン	hexane	C_6H_{14}	−95	69	液体
7	ヘプタン	heptane	C_7H_{16}	−91	98	液体
8	オクタン	octane	C_8H_{18}	−57	126	液体
9	ノナン	nonane	C_9H_{20}	−54	151	液体
10	デカン	decane	$C_{10}H_{22}$	−30	174	液体
18	オクタデカン	octadecane	$C_{18}H_{38}$	28	317	固体

アルカンの性質

アルカンの融点や沸点は炭素原子数が多くなるほど高くなる（図3.5）[*4]．アルカンの密度は液体も固体も $1\,\text{g/cm}^3$ より小さい（すなわち，水よりも軽い）．また，アルカン分子の極性はきわめて小さいので，極性の小さい有機溶媒にはよく溶けるが，水にはほとんど溶けない．

*4 これは炭素原子数が多くなるにしたがって，分子間に働く力が増大するためである．

3.3 アルカンは有機の基本となる化合物　51

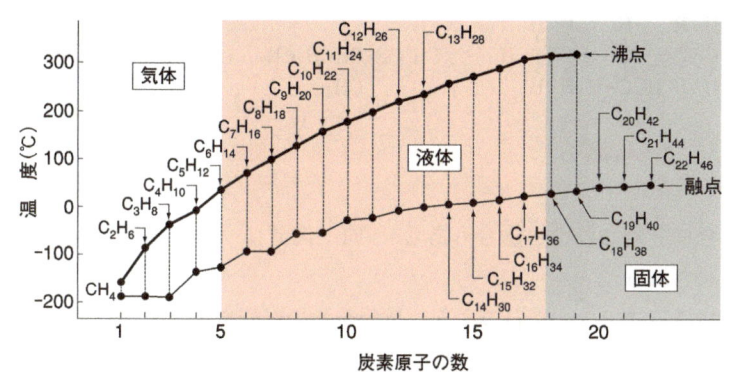

図 3.5　枝分かれのないアルカンの融点・沸点
炭素数の少ないアルカンの融点は，炭素数が奇数か偶数かでわずかに変動がある．

> **例題 3.3**　つぎの化合物のうちアルカンはどれか答えよ．また，そのアルカンのすべての構造異性体を構造式で書け．
>
> ①C_3H_6　　②C_4H_6　　③C_6H_{14}　　④C_6H_{12}

【解答】　③　構造異性体はつぎの 5 種類．

(1) H H H H H H
　　│ │ │ │ │ │
　H-C-C-C-C-C-C-H
　　│ │ │ │ │ │
　　H H H H H H

(2) H H H　　H H
　　│ │ │　　│ │
　H-C-C-C―――C-C-H
　　│ │ │　　│ │
　　H H H　H-C-H H
　　　　　　　│
　　　　　　　H

(3) H H　　H　　H H
　　│ │　　│　　│ │
　H-C-C―――C―――C-C-H
　　│ │　　│　　│ │
　　H H　H-C-H　H H
　　　　　　│
　　　　　　H

(4) 　　　H H-C-H H H
　　　　　│　│　│ │
　　　H-C―――C―――C-C-H
　　　　　│　│　│ │
　　　　　H H-C-H H H
　　　　　　　│
　　　　　　　H

(5) 　　　　　　H
　　　　　　　│
　　　H　H　H-C-H　H
　　　│　│　│　　│
　H-C―――C―――C―――C-H
　　│　│　│　　│
　　H H-C-H H　　H
　　　　│
　　　　H

《解説》　骨格となる炭素原子鎖(**主鎖**)は，C の数が 6，5，4 の 3 種類である．これより少なくなると枝分かれの炭素原子鎖(**側鎖**)の炭素数の方が多くなる．主鎖の C の数が 6 の場合は 1 種類，5 の場合は枝分かれが中央かそのとなりかの 2 種類，4 の場合は枝分かれが一つの炭素原子になるか別々になるかの 2 種類である．

構造式の表し方

上記の例題3.3の解答のように，すべての結合を書いた**線結合構造式**(**完全構造式**ともいう)は分子が大きくなるにしたがって煩雑になるので，しばしば**簡略構造式**(あるいは**短縮構造式**ともいう)が用いられる．簡略構造式中では C-H 間の単結合や，左右に並ぶ C-C 間の単結合は省略され(C-C

$$\begin{array}{c}\text{H} \quad \text{H} \quad \text{H} \quad \text{H} \\ \text{H-C-C-C-C-C-H} \\ \text{H} \quad \text{H} \quad \text{H-C-H} \quad \text{H} \quad \text{H} \\ \text{H}\end{array} \qquad CH_3CH_2CHCH_2CH_3 \qquad CH_3CH_2CH(CH_3)CH_2CH_3$$
$$\hphantom{xxxxxxxxxxxxxxx}CH_3$$

完全構造式 　　　　　　　　　　　簡略構造式

単結合は省略されない場合もある), 同一炭素についた水素原子はまとめて表記される.

簡略構造式では上図右のように枝分かれの部分を括弧内に示す場合も多い. 上図の三つの式と左の骨格構造式はすべて同一の化合物を表したものである.

また, 簡略構造式中の直鎖部分にある CH_2 基はしばしば下図右のようにまとめて表示される.

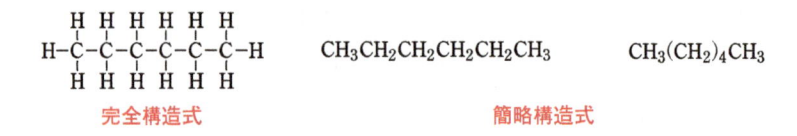

> **one rank up !**
> **骨格構造式**
> 構造式にはさらに簡略化した骨格構造式というものもある. 骨格構造式については3.4節で説明する.

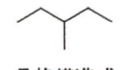

骨格構造式

$$\begin{array}{c}\text{H H H H H H} \\ \text{H-C-C-C-C-C-C-H} \\ \text{H H H H H H}\end{array} \qquad CH_3CH_2CH_2CH_2CH_2CH_3 \qquad CH_3(CH_2)_4CH_3$$

完全構造式 　　　　　　　　　　　簡略構造式

例題3.4 例題3.3の解答である五つの化合物のうち, 上図に示していない三つの化合物を簡略構造式で書け.

【解答】 (2) $CH_3CH_2CH_2CHCH_3$ 　　　　$CH_3CH_2CH_2CH(CH_3)CH_3$
$\hphantom{xxxxxxxxxxx}CH_3$

(4) $\quad CH_3$
$\hphantom{xx}CH_3CCH_2CH_3 \qquad CH_3C(CH_3)_2CH_2CH_3$
$\hphantom{xxxxx}CH_3$

(5) $\quad CH_3$
$\hphantom{xx}CH_3CHCHCH_3 \qquad CH_3CH(CH_3)CH(CH_3)CH_3$
$\hphantom{xxxxx}CH_3$

《解説》 右に示した構造式は左の構造式をさらに簡略化した構造式である. どちらでも正解である.

アルカンの名前のつけ方

現在, 有機化合物は IUPAC が定めた系統的な命名法によって英語で命名されている. この名称を **IUPAC名** と呼ぶ. 一方, 以前から用いられていた物質の由来などに基づく名称を **慣用名** という[*5].

日本語名については, 古くから用いられている名称はそのまま, それ以外は IUPAC 名を機械的にローマ字読みして用いることとなっている. 本書では, IUPAC 名は黒字, 慣用名は赤字で表記することにする.

まずは, 枝分かれのないアルカンの名称を見ていこう. 直鎖状で枝分か

[*5] 高校の化学の教科書は慣用名を使用し, 大学では IUPAC 名を使用するのが通例となっている. 実際には, 慣用名であっても IUPAC が使用を認めているものと, 認めていないものとがある. 本書では IUPAC が認めていない慣用名はイタリックで示している.

3.3 アルカンは有機の基本となる化合物

表3.3 直鎖状アルカンの炭素原子数と名称・倍数接頭詞の関係

炭素原子数	語幹	アルカンの名称	アルキル基の名称	倍数接頭詞
1	meth-	methane メタン	methyl メチル	mono-
2	eth-	ethane エタン	ethyl エチル	di-
3	prop-	propane プロパン	propyl プロピル	tri-
4	but-	butane ブタン	butyl ブチル	tetra-
5	pent-	pentane ペンタン	pentyl ペンチル	penta-
6	hex-	hexane ヘキサン	hexyl ヘキシル	hexa-
7	hept-	heptane ヘプタン	heptyl ヘプチル	hepta-
8	oct-	octane オクタン	octyl オクチル	octa-
9	non-	nonane ノナン	nonyl ノニル	nona-
10	dec-	decane デカン	decyl デシル	deca-

（注）正確には，たとえば炭素原子数1の語幹は metha- であり，置換基の名称にするには語幹の末尾のaをとってylに変えるという規則になっているが，ここでは，よりわかりやすくするために表中のような記載にしてある．

れのないアルカンの名称は，炭素原子数を表す語幹と，アルカンであることを表す接尾語(-ane)を組み合わせてつくる．表3.3に炭素数1～10までの例を具体的に示した．

炭素骨格の基本となるアルキル基

アルカンから水素原子1個を取り除いた炭化水素基を**アルキル基**という．簡略してR-と表されることが多い．アルキル基の名称は対応するアルカンの名称から語尾の-ane を -yl に変えて命名する[*6]（表3.3）．

例：CH_4　メタン(methane)　→　CH_3-　メチル(methyl)

枝分かれのあるアルカンの名前のつけ方

骨格となるもっとも長い炭素鎖を主鎖といい，主鎖より短い枝分かれの炭素鎖を側鎖という．側鎖があるアルカンの名称は，もっとも長い炭化水素鎖にアルキル置換基が置換するかたちで命名する．また，アルキル基をはじめとする置換基の数を表すには，表3.3にあるような倍数接頭詞を用いる．たとえば，メチル基が二つあるときは，dimethyl というように表現する．この説明ではわかりにくいかもしれないので，具体的につぎの例を見ながら説明していこう．

つぎの構造式で示される化合物の名前を考える．

☞ one rank up !

炭素原子数を表す語幹

炭素原子数を表す語幹は，5以上についてはギリシャ語（一部ラテン語）の数詞を使う．1～4については10章のマージン部分を参照．

[*6] 一般名も同一のルールで命名されている．
alkane → alkyl-

☞ one rank up !

日本語名はドイツ風

日本語の化学用語はドイツ語を基本にしていたため，IUPAC名を機械的にローマ字読みして日本語名にする場合，英語名をドイツ語風に読んでローマ字読みを行うことになっている．このため，語尾の-eは発音せず，thはtの発音となる．

例：methane → メタン

なお，decane はデカンと読むが，decyl はデシルと読むように，cの読み方が変化することに注意．

$$\text{CH}_3\text{CH}_2\text{CHCH}_2\text{CH}_2\overset{\overset{\text{CH}_3}{|}}{\underset{\underset{\text{CH}_2\text{CH}_3}{|}}{\text{C}}}\text{CH}_2\text{CH}_2\text{CH}_3$$
(上部に CH_3 置換基)

① 主鎖を探す．

$$\color{red}{\text{CH}_3\text{CH}_2\text{CHCH}_2\text{CH}_2\text{CCH}_2\text{CH}_2\text{CH}_3}$$
(側鎖 CH_3, CH_3, CH_2CH_3)

主鎖の炭素数が9だから，主鎖に基づくアルカンの名称は nonane となる．この名称の前に，アルキル置換基名が置換位置とともにつけられる．

② 主鎖の端の炭素から順番に位置番号をつける．このとき，置換基がついた炭素になるべく小さい番号がつくようにする．（　　）のような番号のつけ方は誤りである．なぜなら右側からつけると，置換基がついた炭素の位置番号が4となってしまうからである．

$$\overset{1}{\text{CH}_3}\overset{2}{\text{CH}_2}\overset{3}{\text{CH}}\overset{4}{\text{CH}_2}\overset{5}{\text{CH}_2}\overset{6}{\text{C}}\overset{7}{\text{CH}_2}\overset{8}{\text{CH}_2}\overset{9}{\text{CH}_3}$$

$$\left(\overset{9}{\text{CH}_3}\overset{8}{\text{CH}_2}\overset{7}{\text{CH}}\overset{6}{\text{CH}_2}\overset{5}{\text{CH}_2}\overset{4}{\text{C}}\overset{3}{\text{CH}_2}\overset{2}{\text{CH}_2}\overset{1}{\text{CH}_3}\right)$$

この例の場合，左端から 1, 2, 3, … となる．

③ 側鎖炭素番号と置換基を決める．

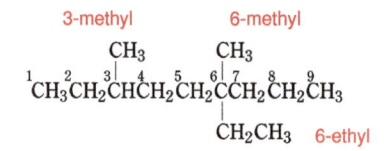

3-methyl　　　6-methyl

$$\overset{1}{\text{CH}_3}\overset{2}{\text{CH}_2}\overset{3}{\text{CH}}\overset{4}{\text{CH}_2}\overset{5}{\text{CH}_2}\overset{6}{\text{C}}\overset{7}{\text{CH}_2}\overset{8}{\text{CH}_2}\overset{9}{\text{CH}_3}$$

6-ethyl

炭素番号と置換基はハイフンで結ぶ．

④ 置換基をアルファベット順に並べ，置換基名の間をハイフンで結んで最後にアルカン名を記す[*7]．

6-ethyl-3, 6-dimethylnonane

この場合のように，同じ置換基が複数ある場合は，位置番号を「,」(カンマ)でつなぎ，置換基の数を示す倍数接頭詞(この場合は2個を示すdi)を置換基名の前に置く．

*7 置換基をアルファベット順に並べる際には，倍数接頭詞は無視して並べる．

例題3.5 炭素原子数6のアルカンの IUPAC 名をすべて英語で記せ．

【解答】 例題3.3の解答・解説があてはまる.
(1) hexane　(2) 2-methylpentane　(3) 3-methylpentane
(4) 2, 2-dimethylbutane　(5) 2, 3-dimethylbutane

《解説》 日本語名はつぎのようになる.
(1) ヘキサン　(2) 2-メチルペンタン　(3) 3-メチルペンタン
(4) 2,2-ジメチルブタン　(5) 2,3-ジメチルブタン

3.4　シクロアルカンは環状の化合物

シクロアルカンの分子式と構造

炭素原子が環状につながった飽和炭化水素を**シクロアルカン**(cycloalkane)という. 一般式はC_nH_{2n} ($n \geq 3$)である. シクロアルカンの名前は, 対応するアルカンの前にシクロ(cyclo-)をつけるとつくれる. シクロペンタン(cyclopentane)C_5H_{10}や, シクロヘキサン(cyclohexane)C_6H_{12}が代表的なシクロアルカンである.

このような環状化合物は, 線結合構造式で記述すると簡略構造式であっても炭素が混みあって書きにくいので, しばしば炭素と水素を略した**骨格構造式**でその構造を表す(図3.6). 骨格構造式では各頂点にある炭素は省略し, また, 炭素に結合した水素も省略する. これ以外の置換基は省略してはならない.

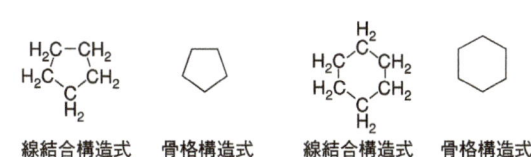

　　　線結合構造式　　骨格構造式　　　線結合構造式　　骨格構造式
　　　　　シクロペンタン　　　　　　　　シクロヘキサン
図3.6　シクロペンタンとシクロヘキサンの構造式

骨格構造式で書くと, シクロヘキサンは正六角形のように見えるが, 実際の構造はつぎのように立体的であり, 炭素原子は同一平面上には存在しない(図3.7).

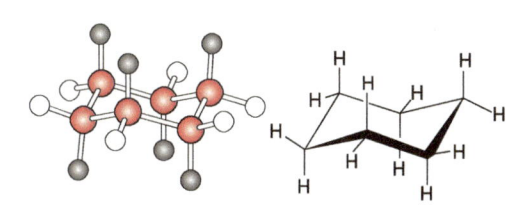

図3.7　シクロヘキサン(いす型)の構造
沸点は81℃.

炭素原子数が5以上のシクロアルカンは炭素原子数が等しいアルカンと性質がよく似ている．シクロアルカンはアルカンとともに石油の主成分である．

3.5 アルケンとアルキン

二重結合をもつアルケン

エテンのように，分子内にC=Cの二重結合を一つもつ鎖式炭化水素を**アルケン**(alkene)という．アルケンの一般式はC_nH_{2n} ($n \geq 2$)で表される．この二重結合はσ結合とπ結合とで形成されていて，そのためエテンは図3.8のようにすべての原子が同一平面上にある．また，表3.4に代表的なアルケンを示した．

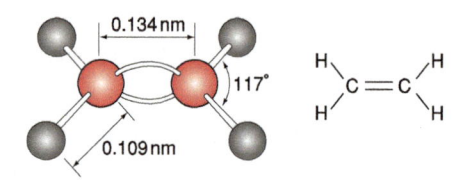

図3.8 エテンの構造

表3.4 アルケンの例

炭素数	名称	慣用名	構造式	沸点(℃)
2	ethene エテン	*ethylene* エチレン	$CH_2=CH_2$	-104
3	propene プロペン	*propylene* プロピレン	$CH_2=CH-CH_3$	-47
4	2-methylpropene 2-メチルプロペン		$CH_2=C-CH_3$ の下に CH_3	-7
4	1-butene 1-ブテン		$CH_2=CHCH_2CH_3$	-6
4	*cis*-2-butene シス-2-ブテン		(cis構造式)	4
4	*trans*-2-butene トランス-2-ブテン		(trans構造式)	1

(注) IUPAC命名法に関する1993年の勧告により，二重結合(三重結合も)を示す位置番号はene(あるいはyne)の直前につけるように変更された．このため，1-butene (1-ブテン)は正しくはbut-1-ene(ブタ-1-エン)となる．しかし，本書では高校での表記との統一をとるために，従来の表記法を採用している．

3.5 アルケンとアルキン

アルケンは不飽和炭化水素の1種であり，アルカンと同様に水には溶けないが，有機溶媒にはよく溶ける．炭素原子数の小さいアルケンは石油の熱分解で得られる．とくにエテンやプロペン（プロピレン）は石油化学工業の重要な原料である．

アルケンの名前のつけ方

アルカンと同様に，英語名は炭素原子数に基づく語幹＋アルケンを示す語尾(-ene)で表す．よって，炭素数2のアルケンはエテン(ethene)となる．二重結合の位置を示す必要がある場合は二重結合になるべく小さい位置番号を与えるようにする[*8]（三重結合も同様である）．たとえば，$CH_2=CH_2CH_2CH_3$ は1-ブテン(1-butene)と命名する[*9]．炭素数が4であるため，ブテンとなるが，ブテンには二重結合の位置によって，二つの異性体があり，さらに2-ブテンにはシス–トランス異性体がある（表3.4）．

> **one rank up !**
> **エテンとプロペンの慣用名**
> エテン(ethene)は *エチレン* (*ethylene*)という慣用名の方が，また，プロペン(propene)は *プロピレン* (*propylene*)という慣用名の方が有名であり，一般的であるが，IUPACは使用を認めていない．

[*8] 置換基に大きな番号がついても，二重結合の位置番号が小さくなることを優先させる．

例題3.6 プロペン（プロピレン）の分子式，構造式，IUPAC名を示せ．

【解答】 分子式：C_3H_6

[*9] 1-ブテンの二重結合は C_1 と C_2 の間にあるが，より小さい数字の1を使って表す．

コラム　有機化合物と無機化合物の違いをなくしたウェーラーの大発見

生命をもつもの，すなわち生命体がつくりだす物質は，自然界で岩石や空気や水が変化して生じる物質とは違うということは古くから何となく意識されていた．生命体は非生命体にはない力をもっており，その力（生気）によって生命に関する物質がつくられるとずっと考えられていた．このような考え方を「生気説」という．

1807年，スウェーデンのベルセリウスは生命体によってのみつくられる物質を有機(organic)化合物，無生物界の産物である物質を無機(inorganic)化合物と区別することを提唱した(in は反対・否定の意味の接頭語)．

ところが，1828年にドイツのウェーラーは無機化合物であるシアン酸アンモニウム NH_4OCN の水溶液を加熱すると，有機化合物である尿素 $(NH_2)_2CO$ が得られることを発見した．これは，つぎのようなとても簡単な反応式で示すことができる．

$$NH_4OCN \longrightarrow (NH_2)_2CO$$

この発見の何がすごかったのかというと，この発見により，有機化合物も無機化合物も同じ法則で理解できることがわかったのである．「生気説」が成り立たなくなった瞬間であるともいえる．

この発見により，物質の変化や生成を支配する法則は一つであることがわかり，生物界も無生物界も区別する必要はなくなったのである．

ウェーラー（ドイツ：1800～1882）

構造式：
H₂C=CH-CH₃ の各種構造式, あるいは　CH₂=CH−CH₃

英語名：propene

《解説》　構造式はどれでも正解だが，つぎに説明するシス-トランス異性体を区別して示したい場合には，一番右の簡略化したかたちは不向きである．

シス-トランス異性体

C=C の二重結合は，その結合を軸として回転することが難しい．回転する際に一時的に π 結合を切断する必要があるためである．したがって，2-ブテンには，図3.9のように2個のメチル基が二重結合をはさんで同じ側にあるシス型と反対側にあるトランス型の異性体が存在する．このような異性体を**シス-トランス異性体**（**幾何異性体**ともいう）という．

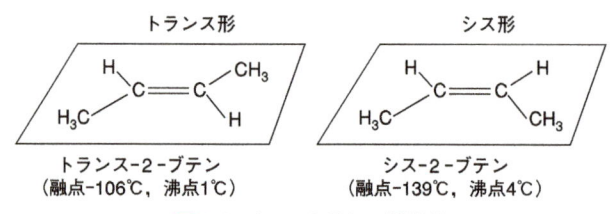

トランス形　　　　　　シス形

トランス-2-ブテン　　　　シス-2-ブテン
（融点-106℃，沸点1℃）　（融点-139℃，沸点4℃）

図 3.9　シス-トランス異性体
すべての炭素原子は同一平面上にある．

身のまわりにたくさんあるビニル基（エテニル基）

エテンから水素原子1個を除いた炭化水素基 $CH_2=CH-$ を**ビニル基**（エテニル基 ethenyl 基）という．日常の生活で，ビニールという名称で利用されているプラスチック製品は，このような構造をもつ分子を原料としている．

☞ one rank up !
身近に見られるビニル基
ビニールテープ，ビニール傘などポリ塩化ビニルでつくられた製品は「ビニール」を冠して呼ばれている場合が多い．ポリ塩化ビニルについては5章で触れる．

三重結合をもつアルキン

エチン（アセチレン）のように，分子内に C≡C 三重結合を一つもつ炭化水素を**アルキン**（alkyne）という．アルキンは一般式 $C_nH_{2n-2}(n \geq 2)$ で表される．この三重結合は一つの σ 結合と二つの π 結合からできている．そのためエチンは，すべての原子が一直線上にある構造をしている（図3.10）．

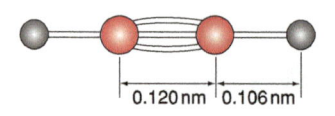

0.120 nm　0.106 nm

図 3.10　エチン（アセチレン）の構造

アルキンもアルケンと同様に不飽和炭化水素の一種である．エチンは有機溶媒によく溶けるが，水にも少し溶ける．

また，アルキンの IUPAC 名は炭素原子数に基づく語幹＋アルキンを示す語尾(-yne)とつければよい(表3.5)．

表3.5 おもなアルキンの名称と構造

炭素数	名称	慣用名	構造式
2	ethyne エチン	*acetylene* アセチレン	$CH\equiv CH$
3	propyne プロピン		$CH\equiv C-CH_3$
4	1-butyne 1-ブチン		$CH\equiv C-CH_2-CH_3$
4	2-butyne 2-ブチン		$CH_3-C\equiv C-CH_3$

章末問題

1 分子式 C_5H_{10} で示される化合物の構造異性体の構造式をすべて示せ．ただし，シス-トランス異性体は考慮しなくてよい．

2 分子式が C_3H_8O である化合物の構造異性体の構造式をすべて示せ．

3 つぎの化合物の IUPAC 名を英語で答えよ．
(1) $CH_3CHCH_2CH_3$
　　　　$|$
　　　CH_3
(2) 　　CH_3　CH_3
　　　　$|$　　　$|$
　　$CH_3CHCH_2CCH_3$
　　　　　　　　$|$
　　　　　　　CH_2CH_3
(3) シクロブタン　　(4) メチルシクロペンタン

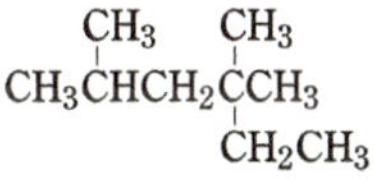

4 骨格構造式で表されたつぎの化合物を完全構造式と簡略構造式で示せ．
(1)　(2) 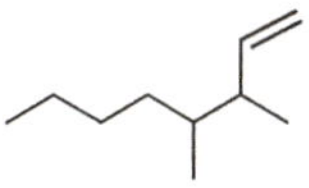　(3)

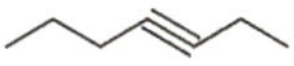

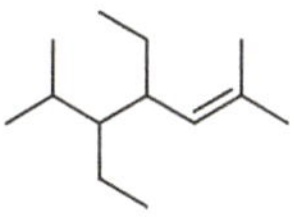

5 **4**の化合物の IUPAC 名を英語で答えよ．

6 つぎの名称の化合物の構造を骨格構造式で示せ．
(1) 5-ethyl-8-methylnon-6-en-1-yne　(2) 3-methylcyclohexa-1, 4-diene
(3) 2-methyl-5, 6-dipropyldecane

7 つぎの化合物の IUPAC 名を英語で答えよ．
(1) CH$_3$-CH=CH-CH$_2$-CH$_2$-CH$_3$ (2) CH$_3$-CH$_2$-C≡CH
(3) CH$_2$=C(CH$_3$)-CH$_2$-CH$_3$

4章 化学反応

　赤色と白色の絵の具を混ぜると，その割合によって，さまざまなピンク色の絵の具が得られる．ところが，化学反応はこの絵の具の混合とはまったく異なる性質をもっている．

　化学反応の大きな特徴の一つは，反応する物質の量が必ず一定の比になることである．決して，反応する物質（反応物という）がすべて反応して新たな物質（生成物という）になるのではなく，多すぎる場合には未反応のまま残ってしまう．このような，それぞれの化学反応における反応固有の量的関係を決めているのが，原子や分子の存在とその構成，さらには反応の形式である．

　この章では，そういった，化学反応と原子や分子の量的関係について学んでいこう．

4.1 化学反応式のつくり方

化学反応式の本質

　化学反応では，原子間の結合の組替えが生じるだけで，反応の前後で原子は消滅も生成もしない．このことが化学反応の本質である．たとえば，水素 H_2 と酸素 O_2 が反応して水 H_2O が生じるときの原子間の結合の組替えは，図4.1のようになる．

　これを化学式を用いて表すとつぎのようになる[*1]．

$$2H_2 + O_2 \longrightarrow 2H_2O \qquad (4.1)$$

[*1] 係数はもっとも簡単な整数の比になるようにつけるのが普通である．また，係数が1の場合は省略する．

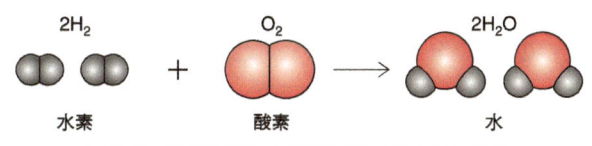

図4.1　化学反応による原子間の結合の組替え

ここで，水素分子 H_2 の前についている 2 を **係数**といい，水素分子が 2 個あることを表している．したがってこの反応式は，水素分子 2 個と酸素分子 1 個が反応して水分子 2 個が生じることを示している．

このとき，反応前の物質（**反応物**あるいは**出発物質**という）の水素原子と酸素原子の数はそれぞれ 4 個と 2 個であり，反応後の物質（**生成物**という）の水素原子と酸素原子もそれぞれ 4 個と 2 個であることに注意してほしい．このことが，上に述べた「反応の前後で原子は消滅も生成もしない」ということである．

化学反応式のつくり方

化学反応式はつぎの手順でつくる．

① 反応物の化学式を左辺に書き，生成物の化学式を右辺に書く．
② 両辺を矢印で結び，両辺で同じ種類の原子の数が一致するように，各物質の係数を決める．

具体的につくってみよう．たとえば，エテン C_2H_4 と塩化水素 HCl とが反応してクロロエタン C_2H_5Cl が生成するときの反応式はつぎのようになる．

$$C_2H_4 + HCl \longrightarrow C_2H_5Cl \tag{4.2}$$

式(4.2)では，すべての分子の係数は 1 である．

例題 4.1 エタン C_2H_6 が完全燃焼して，二酸化炭素と水が生じるときの反応式を示せ．

【解答】 $2C_2H_6 + 7O_2 \longrightarrow 4CO_2 + 6H_2O$

《解説》 つぎのような手順でつくればよい．まず，反応物と生成物の関係を化学式で表すとつぎのようになる．

$$C_2H_6 + O_2 \longrightarrow CO_2 + H_2O$$

C_2H_6 の係数を 1 とおくと，炭素原子 C と水素原子 H の数から生成物の CO_2, H_2O の係数がそれぞれ 2 と 3 になることがわかる．

$$C_2H_6 + O_2 \longrightarrow 2CO_2 + 3H_2O$$

CO_2 と H_2O の係数から右辺の酸素原子 O の数を求めると 7 個となる．よって，左辺の酸素分子 O_2 の数は，7/2 個になる．

$$C_2H_6 + \frac{7}{2}O_2 \longrightarrow 2CO_2 + 3H_2O$$

係数をもっとも簡単な整数にするために，両辺を 2 倍すると解答となる．

化学反応式は，反応物 A から生成物 B が生成し，さらに B から C ができる……とつぎつぎと反応させる場合や，反応物 A がどのような機構で生成物 B に変わるかを示す場合にも使われる．このような場合には上記の②の原則には必ずしもとらわれないで反応式が書かれる場合が多い．さらに，反応に必要な物質を矢印の上に示したり，反応条件や触媒，溶媒，副生成物などを矢印の下に記したりすることがある．つぎの，式(4.3)がその例である．

$$C_2H_4 \xrightarrow{HCl} C_2H_5Cl \xrightarrow[-NaCl]{CH_3ONa} C_2H_5OCH_3 \tag{4.3}$$

たとえば式(4.3)の二つ目の反応は，CH_3ONa を反応させていて，また副生成物として NaCl が生成することが示されている．

化学反応式と量的関係

反応式を見れば，係数から反応物や生成物の分子数の関係がわかる．たとえば，つぎの反応式を考えてみよう．

$$2H_2 + O_2 \longrightarrow 2H_2O \tag{4.4}$$

この反応で，O_2 を 1 mol とすると，H_2 や H_2O はその 2 倍であるから，それぞれ 2 mol の物質量である．すなわち，係数によって反応にかかわる物質の物質量の関係がわかる．

物質量の関係がわかれば，そこから質量の関係も簡単に導くことができる．原子量を，H = 1，O = 16 とすると

	$2H_2$	$+$	O_2	$\longrightarrow$	$2H_2O$
物質量	2 mol		1 mol		2 mol
質量	2 × 2 g		32 × 1 g		18 × 2 g

4 g の水素が 32 g の酸素と反応して水 36 g が生成することがわかる[*2]．

[*2] 2 × 2 g + 32 × 1 g = 18 × 2 g が成り立っていることに注意．質量保存の法則が成り立っている．

例題 4.2 式(4.2)において，5.6 g のエテンと過不足なく反応する塩化水素 HCl の質量を求めよ．また，生成するクロロエタン C_2H_5Cl の質量を求めよ．ただし，原子量を C = 12，H = 1，Cl = 35.5 とする．

【解答】 HCl：7.3 g，C_2H_5Cl：12.9 g

《解説》 過不足ない反応物，生成物の物質量は反応式の係数に比例する．

$C_2H_4 = 28$, $HCl = 36.5$ より $\quad 5.6 \times \dfrac{36.5}{28} = 7.3\,g$

$C_2H_5Cl = 64.5$ より $\quad 5.6 \times \dfrac{64.5}{28} = 12.9\,g$

4.2 反応が起これば反応熱が生じる

エネルギーの差が反応熱を生む

化学反応とは，原子の結合の組替えである．しかし，石油の燃焼という反応からもわかるように，化学反応が起こると多量のエネルギーが放出される場合がある．このエネルギーはどこから生じたのであろうか．物理学のエネルギー保存則に基づくとどのように考えればよいだろうか．

今日では反応とエネルギーについて，つぎのような理解が得られている．物質自身はその種類や量に応じて固有のエネルギーをもつ〔厳密には，物質固有のエネルギーは測定する温度や圧力によって変化する．そのため，標準状態($25\,℃$，$1.01 \times 10^5\,Pa$)でのエネルギーを基準とする〕．そして，その物質が反応によって変化する(別の物質になる)と，反応の前後でその固有のエネルギーに差が生じ，その差に応じた分量のエネルギーが外部に放出されたり，外部から吸収されたり[*3]している．このエネルギーは，原子間の結合に伴うエネルギー(ポテンシャルエネルギー)と考えてよい．

このような，反応に伴って出入りするエネルギーを**反応熱**という．反応熱は反応物と生成物のエネルギーの差であるということができる．また，熱を発生する反応を**発熱反応**，熱を吸収する反応を**吸熱反応**という(図4.2)．たとえば，式(4.2)の反応では，$1\,mol$ の C_2H_5Cl が生成すると $60\,kJ$ の熱エネルギーが発生する．

反応熱には，**燃焼熱**，**中和熱**，**溶解熱**などがある．

*3 冷却パックのように，外部から熱のかたちでエネルギーを吸収する反応もある．

> **one rank up !**
> **発熱反応と吸熱反応**
> 発熱反応とは，反応によって周囲よりも生成物の温度が上昇し，その結果として周囲に熱を放出する反応のことである．吸熱反応とは，その逆で周囲より温度が降下し，周囲から熱を吸収する反応のことである．

> **one rank up !**
> **燃焼熱・中和熱・溶解熱**
> 燃焼熱：物質 $1\,mol$ が完全燃焼するときに発生する熱量．
> 中和熱：$1\,mol$ の H^+ と $1\,mol$ の OH^- が反応して $1\,mol$ の H_2O が生じるときに発生する熱量．
> 溶解熱：溶質 $1\,mol$ が溶媒に溶けるときに発生する熱量(溶解は化学反応ではないが，このときの熱も反応熱として扱う)．

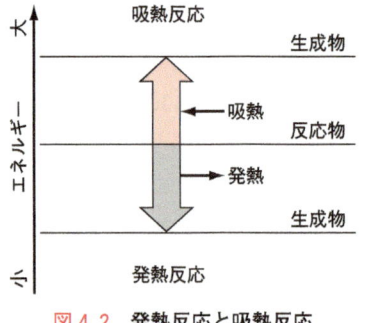

図4.2 発熱反応と吸熱反応

結合のもつエネルギー

分子中の共有結合を切り離して原子状態にするのに必要な，結合 $1\,mol$

あたりのエネルギーをその結合の**結合エネルギー**という.

これを熱化学方程式で表すと,水素分子の場合にはつぎのようになる.

$$H_2 = 2H - 432 \text{ kJ}$$

水素分子 H_2 の H-H 結合 1 mol あたり[*4]の結合エネルギーは,432 kJ/mol である.C-C 結合などの結合エネルギーの大きさは,その結合を含む分子の種類(C_2H_6, C_3H_8 など)によって微妙に異なるので,厳密に表示するときは分子名を示す必要がある.また,次項に示すように反応熱の計算に結合エネルギーの値を使うときは,さまざまな化合物中の平均値を用いることが多い.代表的な結合について,その平均値を示したのが表4.1である.

表4.1を見るとわかるように,C=C の平均結合エネルギー(610 kJ/mol)は C-C の平均結合エネルギー(347 kJ/mol)の2倍よりも小さい.これは,C=C は σ 結合,π 結合それぞれ一つずつからできており,π 結合は軌道間の相互作用が σ 結合よりも小さいので,π 結合の結合エネルギーが σ 結合より小さいためである(C-C は σ 結合である).

[*4] 水素 1 mol あたりではなく,結合 1 mol あたりである.

☞ **one rank up !**

熱化学方程式とは,化学反応式の両辺を符号で結び右辺に反応熱を加えたものであり,両辺のエネルギーが等しいことを示している.つまり,左辺は反応物全体のエネルギーを表し,右辺は生成物全体がもつエネルギーに反応熱を加えた値を表している.反応熱の値は,発熱反応(生成物のほうが低エネルギー)のときは正の値,吸熱反応(生成物のほうが高エネルギー)のときは負の値になる.

表4.1 結合エネルギー(kJ/mol, 25 ℃)

H-H	436	C-H	414	C-C	347	C-N	305
F-F	158	N-H	389	C=C	610	C-F	485
Cl-Cl	243	O-H	464	C≡C	836	C-Cl	339
Br-Br	194	H-Cl	431	C-O	359	C-Br	284
I-I	153	H-Br	365	C=O[1)]	736	C-I	213
H-F	568	H-I	299	C=O[2)]	803		

赤字は二原子分子の値,黒字は多原子分子の平均値.C=O の結合エネルギーは化合物の種類によって大きく変化する.1)はアルデヒドの値で,2)は CO_2 の値.

結合エネルギーと反応熱の関係

反応熱は結合エネルギーから予想することができる.例として式(4.5)の反応を考えてみよう.

$$CH_2=CH_2 + HCl = CH_3\text{-}CH_2Cl + 60 \text{ kJ} \tag{4.5}$$

これらの分子中に存在する結合の平均結合エネルギーはつぎの通りである(単位は,kJ/mol).

C-Cl:339,C-C:347,C-H:414,C=C:610,H-Cl:431

反応熱とこれらの結合エネルギーの関係を図示すると図4.3のようになる.

図4.3から,つぎの関係が成り立つことがわかる.

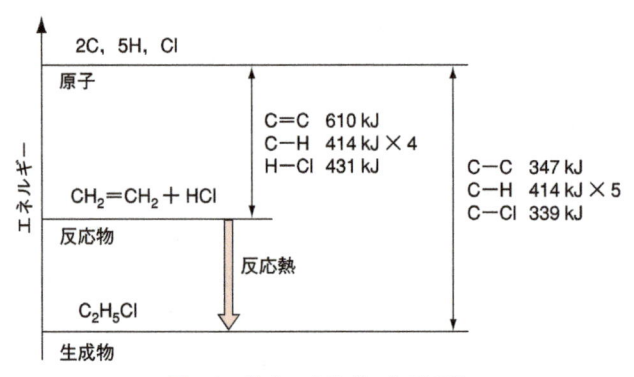

```
          2C, 5H, Cl
         ─────────────
           原子
エ                        C=C  610 kJ
ネ                        C─H  414 kJ×4      C─C  347 kJ
ル                        H─Cl 431 kJ        C─H  414 kJ×5
ギ    CH₂=CH₂ + HCl                           C─Cl 339 kJ
ー   ─────────────
           反応物
                           ↓ 反応熱
         C₂H₅Cl
       ─────────────
           生成物
```

図 4.3 結合エネルギーと反応熱
結合エネルギーを基準にして，反応物と生成物のエネルギーを示し，その差を反応熱として表している．

反応熱 =（生成物の結合エネルギーの和）
　　　　－（反応物の結合エネルギーの和）

式 4.5 の例では，つぎのようになる[*5]．

$$59 = (340 \times 1 + 414 \times 5 + 339 \times 1) - (610 \times 1 + 414 \times 4 + 431 \times 1)$$
$$(kJ/mol)$$

*5　この計算では相変化による熱量を考慮していないため，気体反応などのように，分子間力によるエネルギーが関与しないときに成り立つ．

また，結合エネルギーとして，平均結合エネルギーを使用しているため概算値となるが，それでも反応熱の有用な指針となる場合が多い．

同様の関係が生成熱と反応熱の間にも成立する．生成熱とは，化合物がその成分元素の単体から生成するときの反応熱のことである．

反応熱 =（生成物の生成熱の和）
　　　　－（反応物の生成熱の和）

4.3 代表的な有機反応の種類

有機反応の分類のしかた

有機反応の分類のしかたには，大きく二つある．一つは，どのような反応が起こっているか（反応の様式），もう一つは，その反応がどのようにして起こっているか（結合の切断・生成の機構）である．

反応の様式による分類には，付加反応，置換反応，脱離反応，転位反応

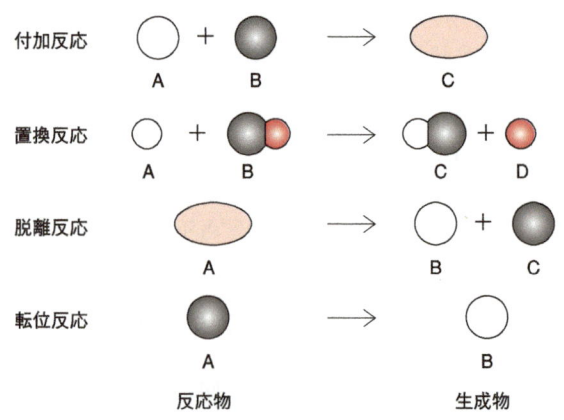

```
付加反応   ○ + ●   →   ⬭
           A   B        C

置換反応   ○ + ●◦  →   ○● + ◦
           A   B        C    D

脱離反応   ⬭       →   ○ + ●
           A            B   C

転位反応   ●       →   ○
           A            B
         反応物         生成物
```

図 4.4 化学反応の反応様式による分類

があり，それぞれの反応様式は図4.4に示す通りである．一方，結合の切断・生成の機構による分類にはラジカル反応，極性反応がある．

この二つの分類を順に見ていこう．

反応の様式による分類

(1) 付加反応　付加反応は二つの反応物が原子を余すことなく結合しあって，一つの生成物を生成する反応である．たとえば，アルケンはC=C二重結合の部分は反応性が高く，臭素や塩素と反応する．エテンはつぎのように反応する．

$$C_2H_4 + HCl \longrightarrow C_2H_5Cl$$

このように，二重結合や三重結合のうちのπ結合が切れて，新たに他の原子や基とσ結合をつくる反応は付加反応となる．エテンと水の反応も付加反応であり，反応式はつぎのように表される．

$$C_2H_4 + H_2O \longrightarrow C_2H_5OH$$

このとき，H_2O はHとOHに分かれて付加する(図4.5)．

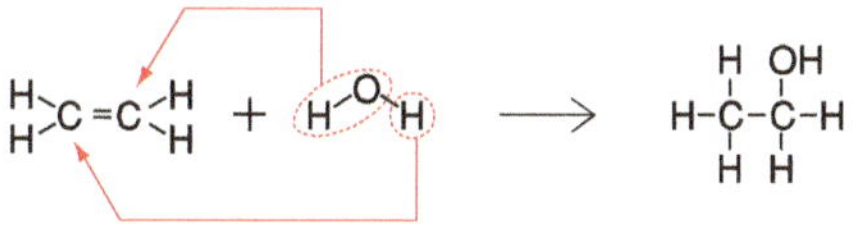

図 4.5　付加反応

(2) 置換反応　アルカンと塩素を混合して光を照射すると，つぎのように反応する．

$$CH_4 + Cl_2 \longrightarrow CH_3Cl + HCl \tag{4.6}$$

このように，分子中の原子または基が他の原子または基に置き換わる反応を置換反応という(図4.6)．

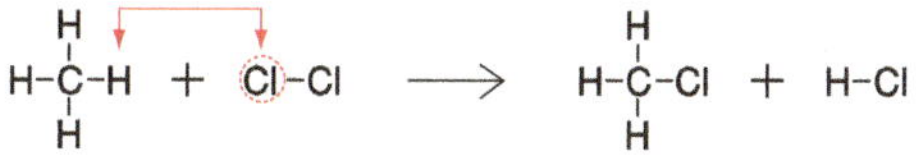

図 4.6　置換反応

例題4.3　エタン1分子に臭素1分子が置換反応する際の反応式を示せ．

【解答】　$C_2H_6 + Br_2 \longrightarrow C_2H_5Br + HBr$

《解説》　C_2H_6 中の一つのHが Br_2 中の一つのBrと置換して C_2H_5Br を生

成し，そのHは残りのBrと結合してHBrになる．

(3) 脱離反応 脱離反応は，一つの反応物が二つの生成物に分かれる反応である．たとえば，エタノールを濃硫酸[*6]の存在下で加熱するとエテンが生じる反応が脱離反応である．

$$CH_3CH_2OH \longrightarrow CH_2=CH_2 + H_2O \tag{4.7}$$

[*6] 濃硫酸は触媒として作用している（4.6節参照）．

このように，水などの小さい分子がとれて二重結合を生じる反応は脱離反応である．脱離反応は付加反応の逆反応と見なすことができる．

例題4.4 クロロエタンから塩化水素が脱離する反応の反応式を示せ．

【解答】 $C_2H_5Cl \longrightarrow CH_2=CH_2 + HCl$

《解説》 エテン $CH_2=CH_2$ が生成する．塩化水素 HCl のエテン C_2H_4 への付加反応の逆反応である．

---

(4) 転位反応 つぎの反応式は，フェノール（8章を参照）の工業的合成法の一つであるクメン法の途中段階である．ここではベンゼン環が結合する原子が炭素 C から酸素 O に変化している．

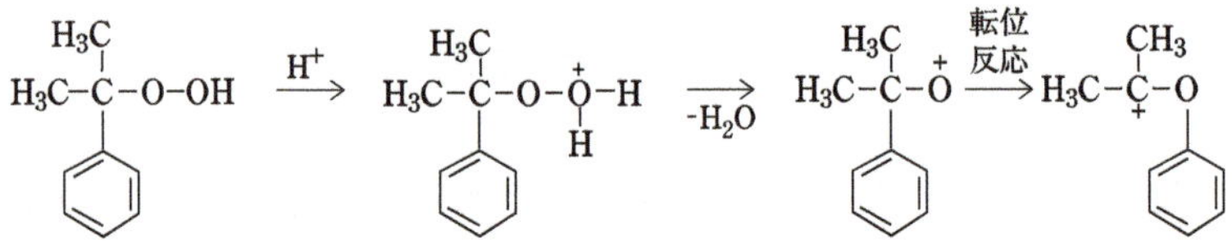

$$\tag{4.8}$$

このように，転位反応は反応の前後で結合の再編成によって別の異性体を生じる反応である．

例題4.5 つぎの反応を反応名で分類せよ．
(1) $CH_3Cl + Cl_2 \longrightarrow CH_2Cl_2 + HCl$
(2) $CH_2=CH_2 + Cl_2 \longrightarrow ClCH_2CH_2Cl$
(3) $C_6H_5CH_2OCH_3 \longrightarrow C_6H_5CH(CH_3)OH$
(4) $ClCH_2CH_2Cl \longrightarrow CH_2=CHCl + HCl$

【解答】 (1) 置換反応 (2) 付加反応 (3) 転位反応 (4) 脱離反応

《解説》 (1) HとClが置換している．(2) C=Cの二重結合にCl₂が付加している．(3) メチル基が酸素原子上から炭素原子上へ転位している．(4) HCl

が脱離してC=Cが生成している.

結合の切断・生成の機構による分類

この分類には,結合が切断・生成するときに電子対の解消・生成が均等に配分・分担されるラジカル反応と,一方に偏って配分・分担される極性反応がある[*7].以下,ラジカル反応と極性反応について,順に学んでいこう.

(1) 均等開裂とラジカル反応　炭素数が多いアルカンを高温短時間(たとえば約800℃で0.5秒)で熱分解すると,炭素−炭素間の共有結合が切断される.このとき,二つの炭素は電子を一つずつもつように切断される.このような切断のしかたを**均等開裂**と呼び,生成した軌道に電子が一つしか入っていない原子(炭素)をもつ化合物を**ラジカル**と呼ぶ[*8](図4.7).

[*7] さらに二つの分子の分子軌道の相互作用によって起こる協奏反応もあるが,ここでは取り扱わない.

[*8] 水素原子,塩素などのハロゲン原子もラジカルである.

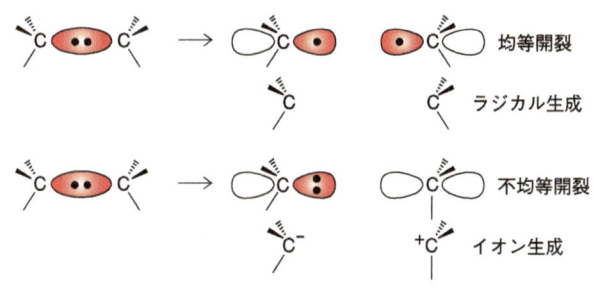

図4.7　均等開裂と不均等開裂
共有電子対の配分が均等か不均等かによる.

ラジカルはきわめて反応性が高く,しばしば他の基質と反応して新たなラジカルを生成する〔図4.8(a)〕.このようなラジカルが関与する反応を**ラジカル反応**という.高温に加熱した場合や,紫外線や光を照射した場合に起こる反応(5章参照)はこのようなラジカル反応で進む場合が多い.図4.8(a)の場合にはラジカル反応は連鎖的に進行する.

(a)
$Cl_2 \xrightarrow{h\nu (紫外線)} Cl_2{}^* \longrightarrow 2Cl\cdot$
$Cl\cdot + CH_4 \longrightarrow HCl + \cdot CH_3$
$\cdot CH_3 + Cl_2 \longrightarrow Cl-CH_3 + Cl\cdot$

(b)
$H_2C=CH_2 + {}^{\delta+}H-Br^{\delta-} \longrightarrow H_2\overset{H}{\underset{|}{C}}-\overset{+}{C}H_2\ Br^- \longrightarrow CH_3-CH_2-Br$
bromoethane

図4.8　ラジカル反応と極性反応
(a) ラジカル反応　(b) 極性反応

(2) 不均等開裂と極性反応　炭素とヘテロ原子間の共有結合は,電気陰性

☞ **one rank up !**
ヘテロ原子
有機化合物において,炭素,水素以外の原子をヘテロ原子という.酸素,窒素,リン,ハロゲンなどが例である.

度の差があるために分極している．このような極性をもつ共有結合は，切断される場合，どちらかの原子に電子を対として残す場合が一般的である．こういう切断のしかたを**不均等開裂**と呼ぶ（図4.7下図）．また，反応の際に結合が不均等開裂しているような反応を**極性反応**と呼ぶ．有機反応では，ラジカル反応は比較的少なく，極性反応の方が多い（図4.8）．

極性反応のなかで，反応中心の原子が分極によって部分的に負電荷を帯びているときに進む反応は**求電子反応**という．反応中心の原子の非共有電子対や π 結合電子が反応にかかわっている場合も求電子反応である．これに対して，反応中心の原子が部分的な正電荷を帯びているときに進む反応は**求核反応**という．また，負電荷を帯びた原子に働きかける物質を求電子剤（あるいは求電子試薬）といい，正電荷を帯びた原子に働きかける物質を求核剤（あるいは求核試薬）という．求電子剤は通常カチオン（陽イオン）種か $\delta+$ に分極した化合物であり，求核剤はアニオン（陰イオン）種か $\delta-$ に

コラム　フロンがオゾン層を破壊するしくみ

オゾン（O_3）は酸素分子（O_2）の同素体であり，成層圏の上部で酸素分子が太陽からの240 nm以下の波長の紫外線を受けることによって生じる．

$$O_2 \xrightarrow{h\nu} 2O\cdot \quad O\cdot + O_2 \longrightarrow O_3$$

このため，成層圏上部にはオゾン濃度の高い，いわゆるオゾン層ができる．オゾンは320 nm以下の波長の紫外線を吸収して分解し，酸素分子に戻る．このようにして，成層圏中に生じたオゾン層が，生物にとって有害で，とくに皮膚がんを引き起こす紫外線が地表へ到達することを防いでいる．

一方，アルカンの水素をすべて塩素かフッ素で置き換えた一群の化合物はフロンと総称される．フロンは不燃性でとても安定な化合物であり，電子部品の洗浄剤，衣料のドライクリーニングの洗浄剤，エアコンや冷蔵庫の冷媒，スプレーの噴射剤などに用いられてきた．

しかし，安定であるがゆえに，フロンはいったん大気中に放出されると（大気中での寿命は100年程度といわれている）オゾン層にまで拡散する．ここからが問題である．フロンは，オゾン層に拡散すると，太陽からの紫外線を受けて塩素ラジカルを遊離し，この塩素ラジカルが触媒として働くことによって，つぎのような連鎖的な反応でオゾンを分解してしまうのである．

$$\underset{\substack{\text{ジクロロフルオロメタン}\\ \textit{CFC-12}}}{\text{F}-\underset{\underset{\text{F}}{|}}{\overset{\overset{\text{Cl}}{|}}{\text{C}}}-\text{Cl}} \xrightarrow{h\nu} \text{F}-\underset{\underset{\text{F}}{|}}{\overset{\overset{\text{Cl}}{|}}{\text{C}}}\cdot + \text{Cl}\cdot$$

$$\text{Cl}\cdot + O_3 \longrightarrow \text{ClO}\cdot + O_2$$

$$\text{ClO}\cdot + O_3 \longrightarrow \text{Cl}\cdot + 2O_2$$

塩素ラジカルが一つ生じると，約10万個のオゾン分子が破壊されるといわれている．

このようにして，成層圏のオゾン層に薄くなった部分（オゾンホール）が観測されるようになり，とくに南極大陸上空では，オゾンホールが1980年代後半から定常的に観測されている．このため，1987年のモントリオール議定書で，フロンの製造，輸入の禁止が決定された．

4.4 止まっているようだが動いている化学平衡

反対にも進む可逆反応

水素 H_2 とヨウ素 I_2 の気体混合物を加熱するとヨウ化水素 HI が生成する．

$$H_2 + I_2 \longrightarrow 2HI \tag{4.9}$$

また，気体状のヨウ化水素を加熱すると，分解して水素とヨウ素を生じる．これは，式(4.9)の反応の逆向きの反応である．

$$2HI \longrightarrow H_2 + I_2$$

このように，どちらの向きにも起こる反応を可逆反応（平衡反応）といい，つぎのように表す．

$$H_2 + I_2 \rightleftarrows 2HI \tag{4.10}$$

可逆反応の反応式において，右向きの反応を正反応，左向きの反応を逆反応という．

☞ **one rank up !**
不可逆反応
可逆反応に対して，一方にしか進まない反応を不可逆反応という．厳密にはすべての反応を可逆反応と見なしてよい．

化学平衡とは見かけ上は反応が止まった状態

H_2 と I_2 を同じ物質量だけ混ぜた混合気体を密閉容器に入れて一定温度に保つと，正反応がはじまって H_2 と I_2 の濃度は徐々に小さくなり，HI の濃度が徐々に大きくなる（図4.9）．しかし，HI の濃度が増大すると逆反応

☞ **one rank up !**
平衡状態と反応の進行
平衡状態でも，正反応と逆反応はともに進んでいるが，その速さが等しいために各成分物質の濃度が変化しない．反応が停止しているわけではないことに注意．

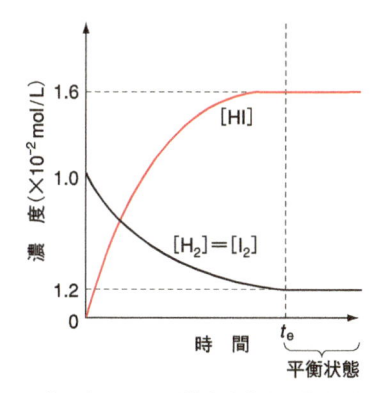

図4.9 可逆反応における濃度変化と平衡状態への過程
$H_2 + I_2 \rightleftarrows 2HI$ の場合．はじめに H_2 と I_2 が等濃度で存在したときの変化を示している．

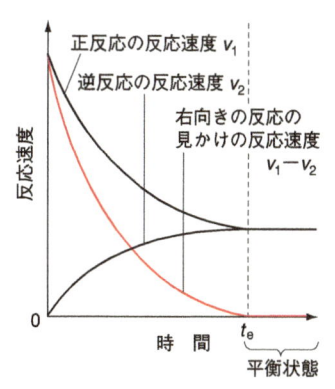

図4.10 正反応と逆反応の反応速度と平衡状態

が起こるため，すべての H_2 と I_2 が HI に変化することはない．図4.9を見てもわかるように，一定時間を経過した後は，見かけ上 H_2, I_2, HI の濃度は変化しなくなる．このときの状態を**平衡状態**という．

これは，つぎのようにたとえられる．クラスのメンバーを二つのグループAとBに分け，教室内で相対させて多数のボールを投げあわせるということを想像してみよう．最初にグループAにすべてのボールを与えると，はじめはAからBへ一方的にボールが投げられるだろうが，やがて長い時間が経てば両グループの足下に転がっているボールの数はほとんど一定となるであろう．これが平衡状態である．

平衡定数で平衡時の濃度を調べる

たとえば，H_2 と I_2 と HI の混合気体が，ある温度で平衡状態にあるとき，それぞれの濃度の間につぎの関係が成立する[*9]．

*9 [HI]はHIのモル濃度(mol/L)を表す．

$$\frac{[HI]^2}{[H_2][I_2]} = K \tag{4.11}$$

K の値は，温度が一定であれば，反応開始時の各成分の濃度や，平衡時の各成分の濃度には無関係に，反応に固有な定数になる．この K を**平衡定数**という．温度が異なると，同一の平衡反応でも K の値は異なる．

一般に，反応物をAとB，生成物をCとDとし，a, b, c, d を係数として，つぎの式で表される平衡状態が成立しているとする．

☞ **one rank up！**
平衡定数と温度の関係
正反応が発熱反応のとき，平衡状態の温度を高くすると平衡定数は小さくなるという関係がある．

$$a\mathrm{A} + b\mathrm{B} \rightleftarrows c\mathrm{C} + d\mathrm{D} \tag{4.12}$$

このときの平衡定数 K はつぎのように表される．

$$K = \frac{[\mathrm{C}]^c[\mathrm{D}]^d}{[\mathrm{A}]^a[\mathrm{B}]^b} \tag{4.13}$$

この式で表される関係を**化学平衡の法則**という．あくまでも平衡時の各成分の濃度間にしか成り立たないことに注意してほしい．

例題4.6 $2C_2H_5OH \rightleftarrows C_2H_5\text{-}O\text{-}C_2H_5 + H_2O$ の反応における平衡定数を式で示せ．

【解答】 $K = \dfrac{[C_2H_5\text{-}O\text{-}C_2H_5][H_2O]}{[C_2H_5OH]^2}$

《解説》 水溶液中の反応では，水の濃度を一定として，平衡定数のなかに組み込んだかたちで平衡定数を表すが，この反応は水溶液中で生じる反

応ではないので，$[H_2O]$ を K に含めることはできない．

弱酸の電離平衡

酢酸 CH_3COOH は水溶液中でつぎのように一部が電離して平衡状態にある．

$$CH_3COOH \rightleftharpoons CH_3COO^- + H^+ \tag{4.14}$$

これを**電離平衡**という．この平衡定数を酸の**電離定数** K_a といい，つぎのように表される．

$$K_a = \frac{[CH_3COO^-][H^+]}{[CH_3COOH]}$$

通常，弱酸はわずかに電離している程度であるから K_a の値はきわめて小さく，たとえば酢酸では 1.8×10^{-5} (25 ℃) である．そこで，弱酸の酸としての強さ（弱さ）の程度を K_a そのものを用いるのではなく

$$pK_a = -\log K_a \tag{4.15}$$

として表すことが多い．そうすると，pK_a が大きいほど弱い酸であることになる．

これは，酸性の強さを表す pH（ピーエイチ）と同じ考え方である．

$$pH = -\log[H^+] \tag{4.16}$$

この K_a で示された各成分の濃度間の関係（$K_a = [CH_3COO^-][H^+]/[CH_3COOH]$ ＝一定）は，酢酸の水溶液だけに成立するのではなく，酢酸の塩の水溶液や，さらには酢酸とその塩の混合水溶液でも成立する．すなわち，水溶液中では，3 成分の一つ，たとえば CH_3COO^- が存在すれば，必ず CH_3COOH や H^+ も存在し，平衡関係を保っている．

> **one rank up !**
> **酢酸の pK_a**
> たとえば酢酸では，
> $pK_a = -\log 1.8 \times 10^{-5}$
> $= 5 - \log 1.8 = 5 - 0.26$
> $= 4.74$
> となる．

> **one rank up !**
> **酸性・塩基性と pH の値**
> 中性では，pH ＝ 7（$[H^+] = 1 \times 10^{-7}$ mol/L）で，酸性では pH ＜ 7，塩基性では pH ＞ 7 となる．

例題4.7 ギ酸 HCOOH の K_a は 1.8×10^{-4} である．ギ酸の pK_a はいくらか．

【解答】 3.74

《解説》 $pK_a = -\log K_a = -\log 1.8 \times 10^{-4} = 4 - \log 1.8$
$= 4 - 0.26 = 3.74$

よって，ギ酸は酢酸より強い酸であることがわかる．

4.5 反応速度

反応速度の表し方

化学反応が進む速さを**反応速度**という．反応速度は，単位時間あたりの反応物の濃度の減少量や生成物の濃度の増加量で表す．たとえば

$$A \longrightarrow 2B \tag{4.17}$$

の反応において，時刻 t_1 から t_2 の間に A のモル濃度が $[A]_1$ から $[A]_2$ に減少したとすると，この間の平均の反応速度 $\overline{v_A}$ は

$$\overline{v_A} = -\frac{[A]_2 - [A]_1}{t_2 - t_1} = -\frac{\Delta[A]}{\Delta t} \tag{4.18}$$

で与えられる[*10]（図4.11）．

[*10] ここで，$\Delta[A] = [A]_2 - [A]_1$，$\Delta t = t_2 - t_1$ である．反応速度は常に正の値で表す．$\Delta[A]$ は負であるから，式の前に負号をおいて正の値にする．

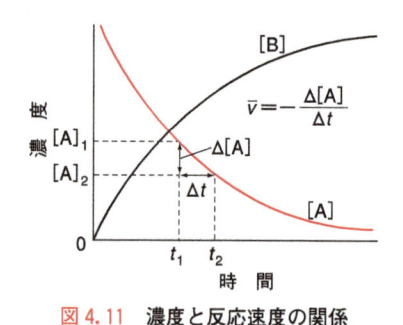

図 4.11 濃度と反応速度の関係

例題4.8 式(4.17)の反応で，時刻 t_1 から t_2 の間に B の濃度が $[B]_1$ から $[B]_2$ に増加した．この間の平均の反応速度 $\overline{v_B}$ を式で示せ．また，$\overline{v_A}$ と $\overline{v_B}$ の関係を式で示せ．

【解答】 $\overline{v_B} = \dfrac{[B]_2 - [B]_1}{t_2 - t_1}$ $2\overline{v_A} = \overline{v_B}$

《解説》 生成物の濃度 [B] は増加するので，反応物の濃度 [A] のときのように負号－をつける必要はない．また，$A \longrightarrow 2B$ であるから，B の生成量は A の減少量の 2 倍であり，反応速度も 2 倍になる．

反応速度と濃度は比例する

出会いがなければ何ごともはじまらないのが世の原則である．化学反応（変化）についても同じことがいえる．反応とは，反応物の分子が衝突し，分子を構成する原子の結合の組替えが生じて生成物が生成することである[*11]．反応速度は多くの場合，反応物の濃度が高いほど大きくなる．そ

[*11] 分子どうしの衝突がなければ反応は生じないと考えられる．

れは，濃度が高いと，反応物の分子どうしが衝突する可能性が大きくなるからである．これは，たとえば人の密度が大きいほど，駅で人と人がぶつかる可能性は高いと予想されることと同じである．このことから，速い反応が生じるには分子の接近衝突が頻繁であればよいと考えられる．

化学反応のなかには，反応速度が濃度に比例するものがある．それを式で表すとつぎのようになる．

$$v = -\frac{d[A]}{dt} = k[A] \tag{4.19}$$

このように，反応速度と濃度の関係を示した式を**反応速度式**といい，比例定数 k を**速度定数**という．速度定数 k は反応の種類によって異なるが，同一の反応でも温度や触媒の有無によって異なる．

すなわち k は，反応速度に影響を与える因子のうち濃度以外の因子をまとめて含むものと考えればよい．このことは気体の状態方程式 $PV = nRT$ と比較してみるとわかりやすい．$P = nRT/V$ のかたちに変形すると，P を決めるすべての因子が右辺に表示されていることがわかるだろう．これと式(4.19)を比較すると，式(4.19)では濃度以外の因子が k に含まれていることがわかる．

> **one rank up !**
> **反応速度に影響する因子**
> 濃度や温度以外にも，反応速度に影響を与える因子が存在する場合がある．たとえば，反応物に固体が存在する場合にはその表面積が，光が反応に関与する場合には光の強さが反応速度に影響することがある．

4.6 活性化エネルギー

反応が起きる場合と起きない場合

出会いがなければ何もはじまらない．しかし，何らかの情熱がなければ，その出会いには変化が生じないのも，これまた原則である．どこまで情熱が高まれば，二人は結ばれる（反応が生じる）のであろうか．

つぎの反応は高温では迅速に起こるが，常温ではほとんど反応しない．

$$2CO + O_2 \longrightarrow 2CO_2 \tag{4.26}$$

このことは何を示しているのだろうか．

上の反応では，CO 分子と O_2 分子が衝突して反応が生じるはずである．常温でも衝突はしているはずであるが，なぜ常温では反応が生じないのだろうか．

これは，衝突した分子がすべて反応するわけではないためである．衝突した分子が反応するためには，**活性化状態**[*12]というエネルギーの高い状態を経なければならない．この活性化状態を経た後に反応物が生成物に変化する．つまり，衝突（出会い）のときに，活性化状態を形成できるようなエネルギー（情熱）をもった分子だけが反応することができる．

また，温度が高いほど活性化状態を形成するのに必要なエネルギーをも

[*12] 活性化状態は遷移状態ともいわれる．

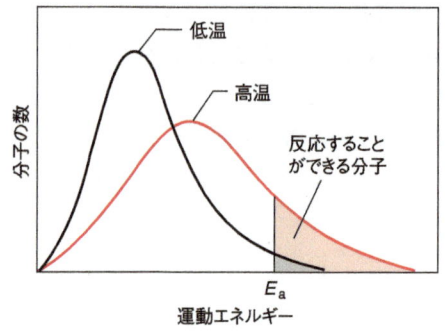

図 4.12 気体分子の運動エネルギー分布と温度

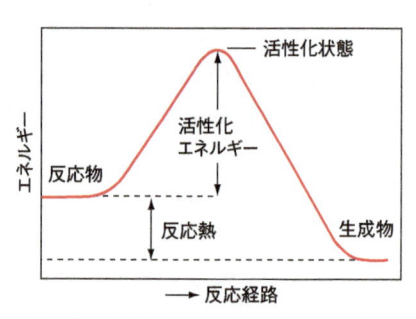

図 4.13 反応の経路と活性化エネルギー

った分子の割合が高くなる(図4.12).

活性化エネルギーを超えると反応が起こる

反応物を活性化状態にするのに必要な最小のエネルギーを**活性化エネルギー**(E_a)という.反応物から活性化状態を経て生成物になる変化(反応経路)をエネルギーの面で見ると図4.13のようになる.

活性化エネルギーは,反応ごとに固有の値を示す.図4.12を見ればわかるように,高温になると反応可能な分子が著しく増加する.すなわち,温度が高いほど反応速度は大きくなる.

つぎに,図4.14を見ながら,活性化エネルギーと反応の可逆性の関係について考えてみよう.反応熱が小さく,正反応と逆反応の活性化エネルギーがともに小さい反応の場合,その反応は平衡反応となる.また,正反応の活性化エネルギーが小さくても反応熱が大きい場合は,逆反応の活性化エネルギーが大きくなるので,事実上逆反応が起こらなくなり,反応は不可逆となる[*13].

> **☞ one rank up！**
> **速度定数と活性化エネルギー**
> 速度定数 k は活性化エネルギー E_a の関数であり,つぎの式で表される.
> $$k = Ae^{-E_a/T}$$
> $$= A\exp(-E_a/T)$$

*13 燃焼などがその例である.また,反応熱が小さくても活性化エネルギーが非常に大きい場合は反応自体が起こらない.

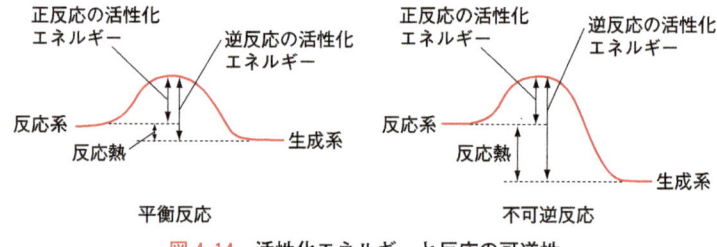

図 4.14 活性化エネルギーと反応の可逆性

> **☞ one rank up！**
> **活性化状態と中間体の違い**
> 活性化状態はエネルギーのピークにある状態できわめて不安定であり,単離することは難しい.一方,中間体はエネルギーの底にある状態で安定しているので単離できる.

複雑な反応の場合には,図4.15のような経路で反応を生じることがある.この場合の物質Cは活性化状態ではなく**中間体**という[$(AB)^*$, C^*は活性化状態である].活性化状態の物質を単離することは難しいが,エネルギー的に安定している中間体を得ることは可能である.

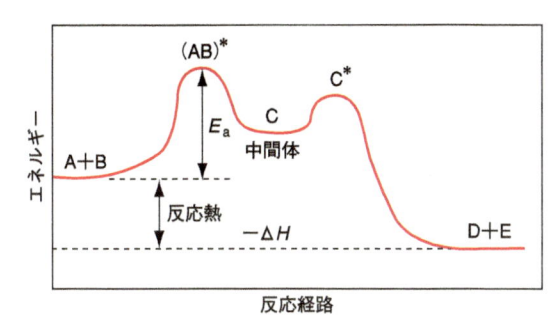

図 4.15 中間体が存在する場合の反応経路

触媒の役割とそのしくみ

出会いのときに適切な仲介者がいれば，情熱が少なくても結ばれる（反応が生じる）かもしれない．化学反応では，**触媒**という物質が仲介者の役割を担っている．触媒は化学反応を化学工業の視点から考える上できわめて重要な物質である．触媒を使えば，化学反応をより穏和な条件で行わせることができる．ここでは，触媒がどのようにして化学反応を仲介しているのか，そのしくみを学ぼう．

反応 $A + B \longrightarrow C + D$ において，触媒（X とする）がかかわると，反応

コラム　環境を守る光触媒

ビルの外壁や窓ガラスの表面に光触媒（その正体は酸化チタン TiO_2 である）の膜を薄くつけておくと，外壁の汚れを防いだり，さらには空気の清浄化にも役立つという．いったい，どのようなしくみでそうなっているのだろうか．

光触媒は，太陽や人工照明の紫外線を受けて，外壁や窓ガラスに付着した有機化合物の汚れを水と二酸化炭素に分解する反応を手助けすることができる．また，大気中の有機化合物の汚れ粒子を吸着して，これも分解することができる．さらに，この分解反応は酸化還元反応であり殺菌作用も期待できるというからすぐれものである．

紫外線だけで有機化合物を分解しようとすると，たいへん強い紫外線が必要で人体に影響がでたりするが，この光触媒を用いると弱い紫外線でも有機化合物の分解が可能になる．もっとも，工業的な規模で大量に分解できるというわけではない．生活環境のなかで生じる有機化合物による汚れを継続的に少しずつ分解除去するところに特徴がある．これを用いると，外壁や窓ガラスを掃除しなくてもつねにきれいに保つことができる．また，室内の置物などに用いると，臭い成分の除去などの空気清浄作用も期待できる．

なお，このような酸化チタンの光触媒反応は，発見者の名にちなんで「本多・藤島効果」と呼ばれている．なんと，日本人が発見した反応なのである．

もう窓ふきは不要？

物と触媒とが中間体を形成し，さらに生じる活性化状態が分解することで生成物が得られるが，この分解と同時に触媒は再生される．再生された触媒はつぎの反応物と中間体を形成できるから，繰り返し反応にかかわることができる．

$$A + B + X \longrightarrow \underset{\text{中間体}}{(A\cdots X) + B} \longrightarrow \underset{\text{活性化状態}}{(A\cdots B)\cdots X} \longrightarrow C + D + X$$

触媒が活性化エネルギーを下げる

反応物が触媒と中間体を形成して生成物をつくるときの活性化状態と，触媒がないときの活性化状態とはまったく別の状態である．つまり，それぞれ反応経路が別であり，活性化エネルギーも異なる（図4.16）．触媒がないときに比べて，触媒があるときの活性化エネルギー E_{ac} はきわめて小さい．そのため，同じ温度で比較しても，活性化エネルギー以上のエネルギーをもつ分子の割合が多くなり反応速度も大きくなる（図4.17）．

触媒なくして今日の化学工業はない．触媒を用いることで，反応時間が短縮されて作業効率が向上するし，反応温度が低下して装置の簡便（廉価）

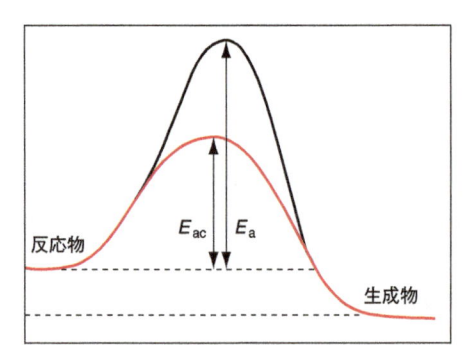

図 4.16 触媒と活性化エネルギー

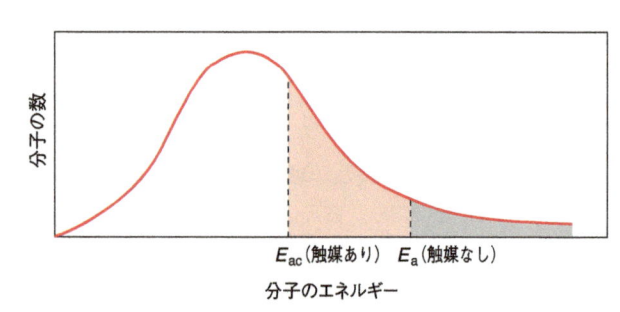

図 4.17 触媒の有無と活性化エネルギー

表 4.2 化学工業に用いられる触媒の例

反応	触媒
$CO + 2H_2 \longrightarrow CH_3OH$	$ZnO + Cu_2O + Cr_2O_3$
$CH_3OH + CO \longrightarrow CH_3COOH$	$Rh + I_2$
$2CH_2=CH_2 + O_2 \longrightarrow 2CH_3CHO$	$PdCl_2 + CuCl_2$
⌬ + $CH_3CH=CH_2 \longrightarrow$ ⌬-$CH(CH_3)_2$	$H_3PO_4 + Al_2O_3$
$nCH_2=CH_2 \longrightarrow \text{-}(CH_2\text{-}CH_2)_n\text{-}$	$TiCl_4,\ Al(C_2H_5)_3$

化とエネルギーの節約ができる．また，環境に負荷をかける物質の除去や無害化などにも利用される．表4.2に，化学工業に用いられる触媒の具体例を示した．

章末問題

1 つぎの反応について下の問に答えよ．

$$C_2H_4 + Cl_2 \longrightarrow C_2H_4Cl_2$$

4.2 g のエテン（エチレン）C_2H_4 を反応させたところ，13.7 g の 1,2-ジクロロエタン CH_2Cl-CH_2Cl が得られた．エテン（エチレン）の何％が 1,2-ジクロロエタンに変化したか．答は小数点以下第 1 位まで求めよ．ただし，原子量は C = 12，H = 1，Cl = 35.5 とせよ．

2 つぎの反応を，(a) 付加反応，(b) 置換反応，(c) 脱離反応，(d) 転移反応に分類せよ．ただし，複数の分類にあてはまるものはいずれにも分類すること．

(1) $CH_3-CH_2-Br + NaI \longrightarrow CH_3-CH_2-I + NaBr$
(2) $HC\equiv CH + Br_2 \longrightarrow CHBr=CHBr$
(3) $CH_2Cl-CH_2Cl \longrightarrow CH_2=CHCl + HCl$
(4) $(CH_3)_3CCl + H_2O \longrightarrow (CH_3)_3COH + HCl$
(5) $C_3H_6 + H_2O \longrightarrow CH_3CH(OH)CH_3$
(6) $CH_3-CH(OH)-CH_2-CH_3 \longrightarrow CH_3-CH=CH-CH_3 + H_2O$
(7) $(CH_3)_3C-CH(OH)-CH_3 \longrightarrow (CH_3)_2C=C(CH_3)_2 + H_2O$

3 酢酸 CH_3COOH の $pK_a = 5$ とする．酢酸ナトリウム CH_3COONa の水溶液が (1) pH = 3 の場合と (2) pH = 7 の場合のそれぞれについて，$[CH_3COOH]$ と $[CH_3COO^-]$ のいずれの値が大きいか答えよ．

4 $-d[A]/dt = \overline{v_A} = k[A]$ において，$t = 0$ での濃度（初濃度）を $[A]_0$ とするとき，任意の時刻 t での濃度 $[A]_t$ を求めよ．

5章 炭化水素の反応

炭素と水素だけからできている化合物である炭化水素は，有機化合物のなかでもっとも基礎的な化合物である．ガソリン・灯油・プロパンガスといった燃料としてわれわれの日常生活でも使われているし，エテンやプロペンはもっとも重要な工業原料である．

本章では，このような炭化水素の反応について紹介する．

5.1 アルカンの反応

加熱による熱分解

官能基をもたない炭化水素であるアルカンは，自然界では石油や天然ガスとして地中に存在する．

天然ガスはメタンが主成分でエタンやプロパンも含む．採掘された石油は原油と呼ばれる黒褐色の粘性の高い液体であり，炭素数が2～40程度のさまざまな炭化水素の混合物である．原油は蒸留によって，沸点の低い順から，ナフサ(粗製ガソリン)，灯油，軽油，重油に分けられる．これらもすべてさまざまな炭化水素の混合物である．

ナフサはアルカン類をおもに含む．炭素数が多いアルカンを高温短時間(たとえば約800 ℃で0.5秒)で熱分解すると，炭素–炭素間の共有結合が**均等開裂**して**ラジカル**が生成する．軌道には電子が二つ入ることができるため，このようなアルキルラジカル(alkyl radical)は非常に反応性が高い[*1]．

$$\sim\!\!\sim\!\!CH_2\text{-}CH_2\text{-}CH_2\text{-}CH_2\!\!\sim\!\!\sim \xrightarrow{\Delta} \sim\!\!\sim\!\!CH_2\text{-}CH_2\text{-}CH_2\!\cdot\ +\ \cdot CH_2\!\!\sim\!\!\sim \quad (5.1)$$
アルキルラジカル

このアルキルラジカルはさらにさまざまな反応を起こして，エテンやプロペンなどを生成する．一例をあげれば，式(5.2)のような反応によってエテン(ethene)が生成する．

☞ one rank up！

ラジカル

ラジカル(radical，遊離基)とは4.3節で示したように電子が一つしか入っていない軌道をもつ原子，分子，化合物をさす．この場合，アルキル基のラジカルであるので，アルキルラジカルという．

[*1] 式(5.1)のΔ(デルタ)の記号は加熱していることを示している．

> **one rank up!**
> **矢印の意味に注意**
> 式(5.2)では，一つの電子の動きを片矢印(⇀)のついた曲線で示している．これに対して，電子対の動きは両矢印(→)のついた曲線で示す．

$$\sim CH_2-CH_2-CH_2\cdot \longrightarrow \sim CH_2\cdot + H_2C=CH_2 \qquad (5.2)$$
エテン

　熱分解によって生成するエテン，プロペンなどの混合物は，蒸留することにより，沸点の違いに従って分けられて精製される．この精製操作を**分留**という．エテンとプロペンはもっとも重要な有機化合物原料であるため，アルカンの熱分解は工業的に非常に重要な反応であるといえる．

連鎖反応による塩素化

　アルカン中の C-C 結合は，式(5.1)に示したように加熱によって切断されるが，より弱い結合である Cl-Cl 結合や Br-Br 結合(表4.1参照)は光や紫外線の照射によっても切断される．たとえば塩素分子に光を照射すると，塩素分子は光を吸収して，p軌道やσ軌道にある電子の一つがσ*軌道に移る(図5.1)．この状態を**励起状態**と呼び，*印をつけて表す．一方，励起状態でない，普通の状態は**基底状態**という．励起状態の Cl-Cl 結合は非常に弱く，室温で容易に塩素ラジカル(塩素原子)に解離する．

$$Cl_2 \xrightarrow{h\nu} Cl_2^* \longrightarrow 2Cl\cdot \qquad (5.3)$$

> **one rank up!**
> **光のもつエネルギー**
> 紫外線や可視光線はその振動数(ν)に応じたエネルギーをもち，原子，あるいは分子に吸収されると，電子をそのエネルギー分だけ準位の高い軌道にジャンプさせる．
> 光のもつエネルギーは $E = h\nu = hc/\lambda$ で表され(h はプランク定数，6.62×10^{-34} J s)，たとえば波長(λ)が200 nm (200×10^{-9} m)の紫外線は598 kJ/mol のエネルギーに相当する．この値はたいていの共有結合エネルギーの値よりも大きく，結合を切断するのに十分である．

　この塩素ラジカルは非常に反応性が高いため，化学反応を起こしにくいアルカンとも反応する．メタンの場合は，まず水素原子が塩素ラジカルに引き抜かれて(切断される C-H 結合よりも生成する H-Cl 結合の方が結合エネルギーが大きいため)，メチルラジカルが生じる(式5.4)．このメチルラジカルが基底状態の塩素分子から塩素ラジカルを引き抜いてクロロメタン(chloromethane)が生じる(式5.5)．このとき，塩素ラジカルが再び生成する(切断される Cl-Cl 結合よりも生成する C-Cl 結合の方が結合エネルギ

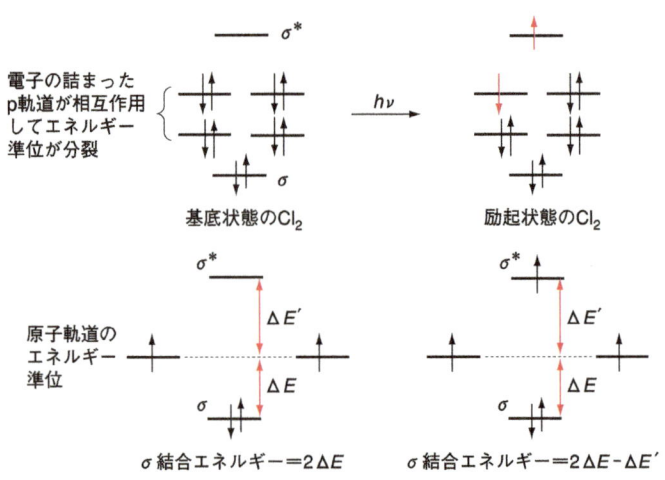

図5.1　塩素分子の紫外光による励起

ーが大きいため).このように,光の照射によって,いったん塩素ラジカルが少しでもできると,つぎからつぎへと反応が繰り返して起こる.このような反応を**連鎖反応**と呼ぶ.

$$\text{Cl}\cdot + \text{CH}_4 \longrightarrow \text{HCl} + \overset{\cdot}{\text{C}}\text{H}_3 \tag{5.4}$$

$$\overset{\cdot}{\text{C}}\text{H}_3 + \text{Cl}_2 \longrightarrow \text{Cl-CH}_3 + \text{Cl}\cdot \tag{5.5}$$

式(5.3)〜(5.5)をまとめると,式(5.6)が得られる.

$$\text{CH}_4 + \text{Cl}_2 \xrightarrow{h\nu} \text{HCl} + \underset{\text{クロロメタン}}{\text{Cl-CH}_3} \tag{5.6}$$

メタンに対して塩素が十分あるときは,クロロメタン中の水素がさらに塩素に置換されてジクロロメタン,クロロホルム,テトラクロロメタン(四塩化炭素)が順に生ずる.

$$\text{CH}_4 \xrightarrow[h\nu]{\text{Cl}_2} \text{CH}_3\text{Cl} \xrightarrow[h\nu]{\text{Cl}_2} \underset{\text{ジクロロメタン}}{\text{CH}_2\text{Cl}_2} \xrightarrow[h\nu]{\text{Cl}_2} \underset{\text{クロロホルム}}{\text{CHCl}_3} \xrightarrow[h\nu]{\text{Cl}_2} \underset{\text{四塩化炭素}}{\text{CCl}_4} \tag{5.7}$$

これらの反応は代表的なラジカル反応である.

燃焼によって大量のエネルギーが発生する

アルカンは官能基をもたないため,室温付近では反応性に乏しい.高温では前項に示したような熱分解が起きるが,空気中では酸素と激しく反応して二酸化炭素と水蒸気を生成し,この際に多量の熱を発生する.これが**燃焼**である.メタンの燃焼熱は890 kJ/molであり,燃焼させると非常に大量のエネルギーが発生する.このため天然ガス,ガソリン,灯油などは燃料として使用されている[*2].

$$\text{CH}_4(\text{g}) + 3\text{O}_2(\text{g}) = 2\text{CO}_2(\text{g}) + 2\text{H}_2\text{O}(\text{l}) + 890\text{ kJ} \tag{5.8}$$

*2 式(5.8)の熱化学方程式中の(g),(l)はそれぞれ気体(gas),液体(liquid)を表す.

反応の原料となる合成ガス

メタンを高温高圧下でニッケル系触媒を用いて水と反応させると,水素と一酸化炭素の混合気体が得られる.この混合気体を合成ガスあるいは水性ガスと呼ぶ.

$$\text{CH}_4 + \text{H}_2\text{O} \xrightarrow{\text{Ni}} \text{CO} + 3\text{H}_2 \tag{5.9}$$

水性ガスはメタノール,エタノールなどのアルコール,ジメチルエーテル,アルケン類の原料となる.

☞ one rank up!

水性ガスと合成ガスの違い
厳密には石炭からのコークス(C)と水とから得られる一酸化炭素と水素の混合物が水性ガスであり,式(5.9)のようにメタンと水とから得られる混合物が合成ガスである.

5.2 アルケンの反応

二重結合が反応性の秘密

アルケンは分子内に二重結合をもっている．π結合をつくっている電子対は二重結合がある二つの炭素とこれらの炭素に直接ついた原子がつくる平面の上下にあり，アルケンに置換基がついていても置換基の立体的な効果を受けにくいため，外部からのラジカル種，カチオン種や$\delta+$に分極した共有結合種の攻撃を受けやすい（図5.2）．また，π結合はσ結合に比べて電子雲の重なりが小さいため結合が弱いので，反応を起こしやすい．

したがって，アルケンはアルカンに比べてはるかに反応性が高く，とくにエテンやプロペンはナフサから安価に合成できるため，工業原料としてたいへん重要である．

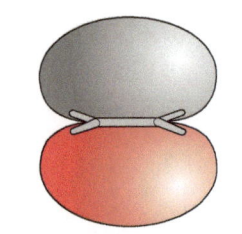

図5.2 エテンのπ結合電子の分布

つぎつぎつながる付加重合

エテンは式(5.1)，(5.2)にその一例を示したような直鎖状アルカンの熱分解により，工業的に合成される．式(5.2)の反応は低温では逆方向（左方向）に進むため，エテンとアルキルラジカルを反応させると，エテンにラジカルが付加してラジカルが再生する．この反応は発熱反応であるため，このラジカル付加反応は連鎖的に進行してエテンがつぎつぎに付加して非常に鎖長の長いアルカンが生成し，その分子量は数万から数百万になる（式5.10）[3]．

$$R \cdot + H_2C=CH_2 \longrightarrow R\text{-}CH_2\text{-}CH_2 \cdot \xrightarrow{H_2C=CH_2} -(CH_2\text{-}CH_2)_p- \quad (5.10)$$

エテン　　　　　　　　　　　　　　　　　　　　　ポリエチレン

[3] 式(5.10)の構造式は，カッコのなかの構造単位（繰り返し単位という）が多数つながっていることを表している．

このように，ある化合物がつぎつぎと結合して非常に分子量の大きい化合物を生じることを**重合**といい，生成した分子量の大きい化合物を**ポリマー**あるいは**高分子化合物**と呼ぶ．また，エテンのような，重合すればポリマーとなる化合物を**単量体**（モノマー）という．

それぞれのポリマーの名称はモノマーの名称の前にポリをつけて呼ばれることが多い．たとえば，エテン（エチレン）からできるポリマーは**ポリエチレン**（polyethylene）と呼ばれ，容器，包装材や袋として広く使われているプラスチックである．

> **one rank up！**
> **重合にも種類がある**
> ポリエステルやナイロンをつくる重合反応（後で説明する）と区別するために，エテン，プロペン，塩化ビニルなどのアルケン類の重合反応は**付加重合**（付加反応の繰り返しで進行しているため：高校の化学ではこの名称で呼ばれている）とか**連鎖重合**（連鎖反応で重合しているため：大学で学ぶ高分子化学ではこの名称で呼ばれている）という．

求電子付加反応

塩化水素は電気陰性度が異なる原子が共有結合をした化合物である[4]．より電気陰性度の高い塩素原子がσ結合電子対を引きつけるため，塩化水素には$^{\delta+}H\text{-}Cl^{\delta-}$の分極が生じている．

エテンに塩化水素を反応させると，$\delta+$に分極した水素が二重結合のπ

[4] 電気陰性度は，Hが2.1，Clが3.0である．

電子を攻撃し，π結合は不均等開裂を起こして，炭素上に正電荷が残ったエチルカチオンが非常に反応性の高い中間体として形成される（図5.3）．エテンを中心に考えた場合，エテンの電子雲を$H^{\delta+}$が攻撃しているため，この反応は**求電子反応**である（4.3節を参照）．生成したエチルカチオンは，塩化水素より生じた塩化物アニオンと結合して，クロロエタン（chloroethane）が生成する．

塩化水素の付加反応では，エチルカチオンが中間体として生じる反応は

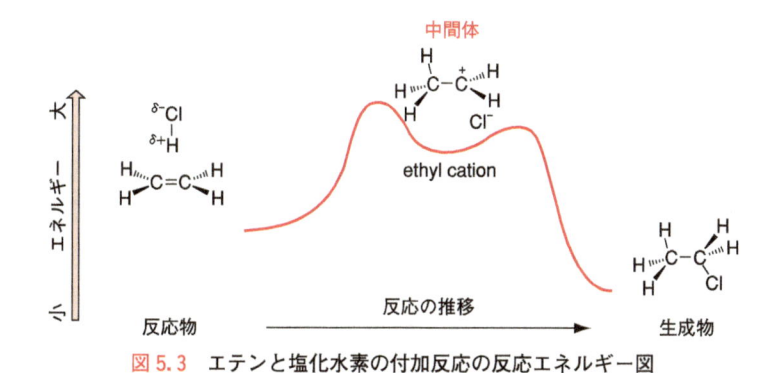

図5.3 エテンと塩化水素の付加反応の反応エネルギー図

コラム　ノーベル賞に結びついたポリアセチレン

エチン（アセチレン）も，付加重合によってポリアセチレン（polyacetylene）と呼ばれるポリマーをつくる．しかし，アセチレンの重合にはアルキルラジカルは有効ではなく，チタン化合物を用いる**配位重合**と呼ばれる重合法がとられる．配位重合では，モノマーが触媒（この場合はチタン化合物）に配位して活性化されることにより，重合が起こる．

$$HC\equiv CH \xrightarrow{Ti/Al系触媒} -(CH-CH)_p-$$
アセチレン　　　　ポリアセチレン

配位重合はエテン（エチレン）やプロペン（プロピレン）の重合にも有効である．ポリプロピレンは容器，包装材や袋として広く使われているプラスチックである．

かつては，アセチレンを重合しても黒色で不溶不融（溶媒に溶けず，加熱しても融けない）の粉末状のポリアセチレンしかできず，フィルムや繊維状に成型することができないため，材料としては注目されていなかった．

しかし，1974年に白川英樹博士らが，触媒量を1000倍に間違え，また攪拌が止まるという予期せぬ実験ミスから，配位重合でフィルム状のポリアセチレンができることを発見した．さらに1977年に，ハロゲンの蒸気にこのフィルムをさらすことによってポリアセチレンに電気伝導性が与えられることを報告してからは，導電性のプラスチックに興味が集まり，さまざまな構造の導電性ポリマーが開発されている．

導電性プラスチックは，軽量性，成形性，可撓性などにすぐれ，新しい導電材料として，コンデンサーなどの電気・電子分野，オプトエレクトロニクス分野，電池などのエネルギー分野と，多岐にわたる応用が進められている．

白川博士らは，この業績により，2000年にノーベル化学賞を受賞した．

遅く，エチルカチオンと塩化物イオンとの反応は速い．このため，この二つのステップのうちの最初のステップが全体の反応の速度を決める重要なステップである．

同様な付加反応はエテンと臭化水素（HBr）との間でも起こる．臭化水素も電気陰性度の差によって，$^{\delta+}$H-Br$^{\delta-}$に分極していて，上記と同じように求電子付加反応によりブロモエタン（bromoethane）を生成する[*5]．

*5 不安定で単離ができない化合物を化学式中に示す場合は[ ]をつけて表す．

$$H_2C=CH_2 + {}^{\delta+}H\text{-}Br^{\delta-} \longrightarrow \left[\begin{array}{c} H \\ H_2C\text{-}\overset{+}{C}H_2 \ Br^- \end{array} \right] \longrightarrow CH_3\text{-}CH_2\text{-}Br \quad (5.11)$$
ブロモエタン

アルケンはハロゲン化水素以外にも，塩素分子や臭素分子とも求電子付加反応を起こす．臭素化を例に考えてみよう．臭素分子間には本来は分極はないが，アルケンのπ結合に臭素分子が近づくと，π電子の影響で臭素分子に分極が生ずる．すると，δ+に分極した臭素が二重結合を求電子的に攻撃し，ブロモニウムイオン（bromonium ion）が生成する（式5.12）．このブロモニウムイオンには，正に帯電した臭素−炭素結合があるため，同時に生ずる臭素アニオンがこれと反応して，1,2-ジブロモエタン（1, 2-dibromoethane）が生成する．

👉 one rank up !
ブロモニウムイオン

臭素には非共有電子対の入ったp軌道があるため，炭素カチオンを生じずに三員環状のブロモニウムイオン種となる．bromonium ion の -onium はカチオン種であることを示す接尾語である．

$$H_2C=CH_2 + {}^{\delta+}Br\text{-}Br^{\delta-} \longrightarrow H_2\overset{\overset{+}{Br}}{C\text{-}C}H_2 \ Br^- \longrightarrow Br\text{-}CH_2\text{-}CH_2\text{-}Br \quad (5.12)$$
ブロモニウムイオン　　1,2-ジブロモエタン

臭素は濃い茶色の液体であり，臭素の水溶液（臭素水）中でこの反応を行うと，臭素が消費されて色が消えるため，この反応はアルケンの検出反応に用いられる．

例題5.1 アルケンへのヨウ素の付加反応は可逆な平衡反応である．エテンを例にして，反応を式で示せ．また，表4.1の平均結合エネルギーの値から，この反応が平衡反応であることをエテンの臭素化と比較して説明せよ．

【解答】 $H_2C=CH_2 \ + \ I_2 \ \rightleftharpoons \ I\text{-}CH_2\text{-}CH_2\text{-}I$

エテンと臭素の反応では，C=C と Br-Br が切れ，C-C 単結合と二つのC-Br 結合ができているので，平均結合エネルギーからの反応熱の概算値は$(347 + 2 \times 284) - (610 + 194) = 111 \, \text{kJ/mol}$と，大きな発熱反応であり，生成系が非常に安定であることがわかる．これに対して，ヨウ素との反応では$(347 + 2 \times 213) - (610 + 153) = 10 \, \text{kJ/mol}$と発熱が小さく，このため，反応は可逆となる．

アルケン類の酸化と還元

エテンなどのアルケンは，プラチナ，パラジウム，ニッケルなどの金属が存在すると，水素と反応して，対応するアルカンが生成する．

$$H_2C=CH_2 + H_2 \xrightarrow{\text{Pt, Pd, or Ni}} CH_3-CH_3 \quad (5.13)$$

このように，ある物質が水素と反応した場合，その物質は還元されたといい，その反応を**還元**という．水素のように，ある物質を還元する働きのある物質を**還元剤**という．有機化学の分野でよく使われている代表的な還元剤には，他に水素化アルミニウムリチウム (lithium aluminium hydride) やホウ水素化ナトリウム (sodium borohydride) がある．

$$Li^+ \quad H-\overset{H}{\underset{H}{\overset{|}{Al^-}}}-H \qquad Na^+ \quad H-\overset{H}{\underset{H}{\overset{|}{B^-}}}-H$$

水素化アルミニウムリチウム　　　ホウ水素化ナトリウム

式 (5.13) の反応は発熱反応であるが，金属がない条件では活性化エネルギーが高すぎるために反応が起こらない．つまり，これらの金属は反応の活性化エネルギーを下げる**触媒**として作用している．金属触媒が関与する反応の機構は，式 (5.13) のような簡単な反応の場合でも非常に複雑であるため，ここでは示さない．

式 (5.13) の反応は，高温では逆方向に進む．エタンをプラチナ系触媒とともに 500 ℃ 以上の温度で熱分解するとエテンと水素が生成してくる．

$$CH_3-CH_3 \xrightarrow[\Delta]{\text{Pt}} H_2C=CH_2 + H_2 \quad (5.14)$$

この反応のように，ある物質が水素を失った場合，その物質は酸化されたといい，その反応を**酸化**と呼ぶ．このように**還元の逆反応は必ず酸化**である．

> **one rank up !**
>
> **触媒としての遷移金属**
>
> 本文で示した例のように，有機化学ではパラジウム，白金，ニッケル，水銀，銀，チタンなどの遷移金属やその塩がしばしば触媒として用いられる．
>
> これらの遷移金属化合物は d 軌道を使って，アルケン，水素分子，酸素分子などと配位化合物をつくることができ，その配位によってこれらの物質が活性化されて，さまざまな反応を起こす．
>
> この反応の機構については大学で使用される一般的な有機化学の教科書でも詳細な説明は省略されており，本書でも触れない．

> **one rank up !**
>
> **還元剤による反応の違い**
>
> 式 (5.13) のような，金属触媒を用いた水素による還元 (接触還元という) はニトロ基，二重結合・三重結合の還元に有効である．アルデヒド，ケトンも還元できるが反応は比較的遅い．
>
> 一方，$LiAlH_4$ や $NaBH_4$ などの水素化化合物はアルデヒド，ケトン，エステルは容易に還元するが，ニトロ基の還元は遅く，二重結合・三重結合は還元しない．

例題 5.2 (1) エテンと水素の反応が発熱反応であることを，表 4.1 の平均結合エネルギーの値から計算して示せ．

(2) 式 (5.13) の反応 (正反応) は，式 (5.14) に示したように高温では逆反応が進む．この事実をルシャトリエの原理を用いて説明せよ．

【解答】 (1) 式 (5.13) の反応では，C=C と H-H が切れ，C-C 単結合と二つの C-H 結合ができているので，平均結合エネルギーからの反応熱の概算値は $(347 + 2 \times 414) - (610 + 436) = 129\,\text{kJ/mol}$ となり，大きな発熱反応であることがわかる．

(2) ルシャトリエの原理は「平衡反応は，加えられた条件の変化により生じる影響をやわらげる方向へ移動し，新たな平衡状態になる」である．(1)より，式(5.13)の反応は発熱反応であるから，高温では吸熱反応の向きに平衡が移動するので逆反応が進む．

塩化パラジウム/塩化銅触媒を使って，エテンと酸素を反応させるとアセトアルデヒド(acetaldehyde)ができる．

$$H_2C=CH_2 + \frac{1}{2}O_2 \xrightarrow[CuCl_2]{PdCl_2/H_2O} H_3C-\overset{\overset{O}{\|}}{C}H \quad (5.15)$$

アセトアルデヒド

> **one rank up !**
> **酸化反応の反応機構**
> 高校の化学の教科書には，有機化学における酸化反応の例がいくつも示されているが，その反応機構は一般に複雑であり，理解するのは難しいため，本書では取りあげない．
> 触媒が異なるだけで生成物が違ってくる場合も多い．たとえばエチレンに銀系触媒を加えて空気酸化(空気中の酸素による酸化)するとアセトアルデヒドではなくエチレンオキシドが生成する．章末問題2 (1)の式を参照．

このように，ある物質が酸素と反応した場合も，その反応は酸化である．逆に，ある物質から酸素を奪う反応は還元である．この反応での酸素分子のように，相手の物質を酸化する働きのある物質を**酸化剤**と呼ぶ．有機化学で用いられる代表的な酸化剤としては他に過マンガン酸カリウム(potassium permanganate)，クロム酸(cromic acid)，二クロム酸カリウム(potassium dichromate)，オゾン(ozone)などがある．

過マンガン酸カリウム　　クロム酸　　二クロム酸カリウム　　オゾン

過マンガン酸カリウムとシクロヘキセン(cyclohexene)の反応は，式(5.16)のように進行して，二重結合の位置で切断されたかたちのカルボニル化合物(アジプアルデヒド，adipaldehyde)が生成する．

$$\bigcirc + KMnO_4 \xrightarrow{硫酸酸性} \overset{\overset{O}{\|}}{H}C(CH_2)_4\overset{\overset{O}{\|}}{C}H + KMnO_2 \quad (5.16)$$

シクロヘキセン　　　　　　　ヘキサンジアール
　　　　　　　　　　　　　アジプアルデヒド

> **one rank up !**
> **マンガンの反応の詳細**
> 式(5.16)で生成したMn^{3+}(KMnO$_2$)は，Mn^{3+}どうしが反応することによりMn^{2+}とMn^{4+}になり，Mn^{4+}はさらに酸化剤として働くため，最終的にはマンガンはすべてMn^{2+}まで還元される．

この酸化反応は反応が速く，また，反応が進むと過マンガン酸イオンの赤紫色が消えるため，アルケンの検出に用いられる．式(5.16)で生成したアルデヒドはさらに未反応の過マンガン酸カリウムによって酸化されてカルボン酸となる(8章を参照)．

式(5.16)の反応では，シクロヘキセンはアジプアルデヒドに酸化されているが，同時に過マンガン酸カリウムは酸素を失って還元されている．このように，**酸化と還元は必ず対になって進行する反応であり，まとめて酸化還元反応と呼ばれる．**

無機化学と有機化学に共通して適用できる，より広い定義では，原子や

物質が反応によって電子を失う場合を酸化といい，逆に原子や物質が反応によって電子を得る場合を還元という．式(5.16)の反応では，マンガンはMn^{7+}からMn^{3+}と電子を得ていて，還元されていることがすぐにわかる．しかし，式(5.13)〜(5.15)に示したような有機化合物の酸化還元反応の場合は，金属イオンが関与しないため，電子の受け渡しがはっきりとせず，水素と酸素の受け渡しにより酸化還元を判断するほうがわかりやすい．

例題5.3 つぎの反応のなかで，酸化されている化合物と，還元されている化合物をそれぞれ示せ．

(1) $CH_4 + 2O_2 \longrightarrow 2CO_2 + 2H_2O$

(2) $CH_4 + H_2O \longrightarrow CO + 3H_2$

(3) $4\,CH_3C(=O)H + LiAlH_4 + 4H_2O \longrightarrow 4\,CH_3CH_2OH + LiOH + Al(OH)_3$

【解答】 酸化を受けている化合物：(1) CH_4　(2) CH_4　(3) $LiAlH_4$
　　　　還元を受けている化合物：(1) O_2　(2) H_2O　(3) CH_3CHO

《解説》 (1) 燃焼は代表的な酸化反応である．(3) アセトアルデヒドの還元については8章で取り扱う．

5.3 アルキンの反応

二重結合と三重結合の反応性の違い

5.2節で見てきたように，アルケンのπ結合はさまざまな反応を起こす．アルキンにもπ結合があるため，アルケンと同様な反応を起こすが，三重結合では炭素−炭素間の距離が二重結合の場合よりも短いためp軌道間の電子の重なりもより大きいので，一般的に三重結合中のπ結合は二重結合中のπ結合よりも反応しにくい．

求電子付加反応

アルキンへの求電子付加反応はアルケンと同じような機構によって進む．たとえば，エチン(アセチレン)に臭素が付加すると1,2-ジブロモエテン(1, 2-dibromoethene)が生成する．この化合物はもう1分子の臭素とさらに反応して，1,1,2,2-テトラブロモエタン(1, 1, 2, 2-tetrabromoethane)が生成する．

$$HC \equiv CH + Br_2 \longrightarrow Br\text{-}CH=CH\text{-}Br \xrightarrow{Br_2} Br_2HC\text{-}CHBr_2 \quad (5.17)$$

エチン　　　　　1,2-ジブロモエテン　　1,1,2,2-テトラブロモエタン
アセチレン

one rank up!
エテン置換体
エテンの一つの水素が置換基で置き換えられた化合物をエテン置換体という．$CH_2=CH-$ の慣用名がビニル(vinyl)であるため，ビニル化合物とも呼ばれる．

one rank up!
身近に使われているビニル化合物
塩化ビニルのポリマーであるポリ塩化ビニルは，日常生活でビニールと呼ばれている安価なプラスチックであり，電線の被覆コード，ビニールホース，水道管などに広く用いられている．また，酢酸ビニルのポリマーであるポリ酢酸ビニルはチューインガムの材料や木工用ボンドとして使われている．さらに，ポリアクリロニトリルはアクリル繊維として衣料用に使用されている．

one rank up!
ハロゲンという名称
ハロゲン(halogen)を化合物名に使う場合は，接頭語としてはハロ(halo-)，慣用名用の接尾語としてはhalideとなる．ハロゲンはXの記号で表されることもある．

エチンはさまざまな化合物と求電子付加反応を起こし，エテン置換体に変わる．

$$H_2C=CH-OCOCH_3 \xleftarrow[Hg^{2+}]{CH_3CO_2H} HC\equiv CH \begin{array}{c} \xrightarrow{HCl} H_2C=CH-Cl \\ \xrightarrow{HCN} H_2C=CH-CN \end{array}$$

酢酸ビニル vinyl acetate　　塩化ビニル vinyl chloride　　アクリロニトリル acrylonitrile
(5.18)

これらのエテン置換体はいずれもラジカル付加重合をするモノマーなので，以前はエチン（アセチレン）は非常に重要な工業原料であった．しかし近年では，これらのモノマーはエテンを原料としてつくられるようになってきており，原料としてのエチンの重要性は低下している．

アルキンの還元反応

アルキンを還元すると，アルケンを経てアルカンを生じる．この反応では，アルケンの段階で還元反応を止めることは難しい．

$$HC\equiv CH + H_2 \xrightarrow{Pt, Pd, or Ni} H_2C=CH_2 \xrightarrow[Pt, Pd, or Ni]{H_2} CH_3-CH_3 \quad (5.19)$$

5.4 ハロゲン化アルキル

ハロゲン化アルキルの命名法

周期表の17族に属するF，Cl，Br，Iを総称してハロゲンと呼ぶ．ハロゲン化アルキルとは，アルカンの水素のいくつかが，ハロゲンによって置換された化合物のことである．

アルカンやアルケンの反応の項ですでに紹介したように，ハロゲン化アルキルは，アルカンのハロゲンによる置換反応や，アルケンへのハロゲン化水素やハロゲンの付加によって合成される．IUPAC名ではF，Cl，Br，Iのハロゲン置換基は，アルキル基と同様に，対応するアルカンの前にフルオロ(fluoro-)，クロロ(chloro-)，ブロモ(bromo-)，ヨード(iodo-)をつけて命名する．命名規則は3章に示したものと同一である．

また，簡単な化合物については慣用名がよく使われる．この場合には，アルキル基の名称の後にクロリド(chloride)，ブロミド(bromide)など，塩化物イオンの名称をつけた慣用名がよく用いられているが，四塩化炭素 CCl_4 (carbon tetrachloride)，クロロホルム $CHCl_3$ (chloroform)のように，その物質に固有の名称もある．以下，いくつか例を示したので参考にしてほしい．

5.4 ハロゲン化アルキル 91

CH₃Cl	CHCl₃	CCl₄	CH₃CH₂I	H₃C-C(CH₃)(H)-F
クロロメタン	トリクロロメタン	テトラクロロメタン	ヨードエタン	2-フルオロプロパン
塩化メチル	クロロホルム	四塩化炭素	ヨウ化エチル	フッ化イソプロピル

例題5.4 以下の化合物の IUPAC 名を，英語で答えよ．

(1) ClCH₂CH₂I　(2) （構造式：Br, Cl, エチル基, メチル基を持つノナン骨格）　(3) （ヘキサクロロシクロヘキサンの構造式）

【解答】(1) 1-chloro-2-iodoethane

(2) 4-bromo-5-chloro-6-ethyl-3-methylnonane

(3) 1, 2, 3, 4, 5, 6-hexachlorocyclohexane

《解説》(1)(2) 接頭語の順番は，倍数接頭語(di-，tri-など)を除いたアルファベット順である．

(3) benzene hexachloride (BHC) の慣用名からもわかるように，この化合物はベンゼンを紫外線照射下で塩素と反応させてつくられ，殺虫剤として広く使用されていたが，毒性が高いため現在では使用が禁止されている．

ハロゲン化アルキルの求核置換反応

ハロゲン化アルキルは炭素−ハロゲン結合をもち，この結合は電気陰性度の差によって炭素が $\delta+$ に，ハロゲンが $\delta-$ に分極していて，不均等開裂を起こしやすい．このため，ハロゲン化アルキルはアニオンや非共有電子対をもつ試薬と反応しやすい．たとえば，水酸化物イオン HO^- (hydroxide anion) との反応は式(5.20)のようになる[*6]．

$$HO^- + H_3C^{\delta+}-Br^{\delta-} \longrightarrow HO-CH_3 + Br^- \qquad (5.20)$$

水酸化物　　ブロモメタン　　　　　　メタノール
イオン

この反応は，ブロモメタンの臭素がヒドロキシ基に置き換わっているので置換反応である．また，水酸化物イオンが $\delta+$ に分極した炭素を攻撃することにより反応が進むので，求核反応に分類される．ここで水酸化物イオンは求核剤として働いている[*7]．非共有電子対をもつアニオンや中性の化合物は求核剤として働くことができる．このように，ハロゲン化アルキルではハロゲンと求核剤とが置き換わる求核置換反応が起きやすい．

この求核置換反応は大学で学ぶ有機化学のなかでもとりわけ重要な反応である．さまざまな求核剤との反応により，ハロゲン化アルキルから多く

[*6] 式(5.20)では，電子対の動きを両矢印(→)のついた曲線で示している．

[*7] ルイスの定義では，求核剤は塩基であり，求電子剤は酸である．

one rank up !
求核置換反応の分類
ハロゲン化アルキルの求核置換反応は大きく2種類に分けられる．一つはアルキルカチオンが中間体として生成する S_N1 反応であり，もう一つは結合数が5の化合物が不安定な遷移状態としてできる S_N2 反応である．
S_N1 反応は三級炭素にハロゲンがついたものが起こしやすく，S_N2 反応は一級炭素にハロゲンがついたものが起こしやすい．

の化合物が合成できるからである．たとえば，アルコキシドアニオン（RO⁻），カルボン酸アニオン，アンモニア（ammonia）との反応で，それぞれ，エーテル，エステル，アミンができる．

$$H_3CO^- + H_3C\text{-}Br \longrightarrow H_3C\text{-}O\text{-}CH_3 + Br^- \quad (5.21)$$
メトキシドイオン　　　　　　　　　ジメチルエーテル

$$CH_3COO^- + H_3C\text{-}Br \longrightarrow CH_3COOCH_3 + Br^- \quad (5.22)$$
酢酸イオン　　　　　　　　　酢酸メチル

$$NH_3 + H_3C\text{-}Br \longrightarrow H_3\overset{+}{N}CH_3\,Br^- \xrightarrow{-HBr} H_2NCH_3 \quad (5.23)$$
アンモニア　　　　　　　　　　　　　　　　　メチルアミン

求核置換反応により，ハロゲン化アルキル中のハロゲンの交換も可能である．

$$Cl^- + H_3C\text{-}Br \longrightarrow Cl\text{-}CH_3 + Br^- \quad (5.24)$$
塩化物
イオン

例題5.5 以下の反応によって生成する主生成物を化学式で示せ．

(1) $CH_3I + CH_3CH_2ONa \longrightarrow$

(2) $H_3C\text{-}COONa + CH_3CH_2I \longrightarrow$

(3) $CH_3I \xrightarrow[\text{2) aq. NaOH}]{\text{1) aq. NH}_3}$

ただし(3)は，まずアンモニア水〔aq. は aqueous（水溶液の）の略〕を反応させた後に，水酸化ナトリウム水溶液を反応させていることを示している．

【解答】　(1) $CH_3\text{-}O\text{-}CH_2CH_3$　　(2) $H_3C\text{-}COOCH_2CH_3$　　(3) CH_3NH_2

《解説》　(1), (2) NaI も生成するが，これらは主生成物ではないため，解答する必要はない．
(3) アンモニアが求核置換反応を起こした後に，つぎの中和反応が進む．

$$CH_3NH_3^+\,I^- + NaOH \longrightarrow CH_3NH_2 + NaI + H_2O$$

ハロゲン化アルキルの脱離反応

エテンと塩素からできる1,2-ジクロロエタンを高温で加熱すると，塩化水素の脱離が進行して，塩化ビニルが生成する．

$$CH_2=CH_2 + Cl_2 \longrightarrow ClCH_2CH_2Cl \xrightarrow{\Delta} CH_2=CHCl + HCl$$

$$\begin{pmatrix} ClCH_2CH_2Cl \xrightarrow{\Delta} ClCH_2\dot{C}H_2 + \cdot Cl \\ Cl\cdot + \underset{Cl\ H}{H-\overset{H\ H}{\underset{|\ |}{C-C}}-Cl} \longrightarrow HCl + ClCH=CH_2 + Cl\cdot \end{pmatrix}$$

(5.25)

この反応は，加熱によってC-Cl結合（もっとも弱い結合）が均等解裂したのちに，塩素ラジカルが未反応の1,2-ジクロロエタンから水素を引き抜くことによって起きる，ラジカル機構による連鎖反応である．

章末問題

1 アルケンへのフッ素（F_2）の求電子付加反応は反応の制御が難しく，反応がさらに進んで，CF_4とHFを生成する．
(1) 表4.1の平均結合エネルギーの値から，アルケンへのフッ素の付加反応の制御が難しい理由を考察して説明せよ．
(2) エテンがフッ素と反応して，CF_4とHFが生じる反応の反応式（反応機構の式ではない）を示せ．

2 つぎの反応のなかで，酸化されている化合物と，還元されている化合物をそれぞれ示せ．

(1) $H_2C=CH_2 + \dfrac{1}{2}O_2 \xrightarrow{Ag} \underset{O}{H_2C-CH_2}$ (環)

(2) $H_2C=CH_2 + H_2 \xrightarrow{Pt} CH_3\text{-}CH_3$

(3) $\underset{\overset{||}{O}}{CH_3CCH_3} + NaBH_4 + 4H_2O \longrightarrow 4\,\underset{\overset{|}{OH}}{CH_3CHCH_3} + NaOH + B(OH)_3$

3 以下の反応について，予想される生成物の構造を式で示せ．
(1) $CH_3I + NaOH \longrightarrow$　　(2) $CH_3CH_3 + Cl_2 \xrightarrow{h\nu}$
(3) $HC\equiv CH + Cl_2 \longrightarrow$

また，これらの反応の様式を表す言葉を語群より選んで示せ．
語群：ラジカル付加反応　ラジカル置換反応　求電子付加反応　求電子置換反応　求核付加反応　求核置換反応

4 以下の化合物を求核剤と求電子剤に分類せよ．

　　Cl_2, Br_2, CH_3ONa, $NaOH$, NH_3, CH_3NH_2, HCl, CH_3COONa

5 エテンのラジカル機構による付加重合において，ラジカルがエテンと

反応する際の反応熱を表4.1の平均結合エネルギーより概算せよ．なお，反応式はつぎの通りである．

$$R\text{-}CH_2\text{-}CH_2\cdot + H_2C=CH_2 \longrightarrow RCH_2CH_2CH_2CH_2\cdot$$

6] 以下の反応について，予想される生成物の構造式とIUPAC名を示せ．
(1) $H_2C=CH\text{-}CH_3 + Br_2 \longrightarrow$ (2) $H_2C=CH\text{-}CH_2CH_3 + Cl_2 \longrightarrow$
(3) $H_3C\text{-}CH=CH\text{-}CH_3 + HBr \longrightarrow$ (4) $HC\equiv C\text{-}CH_3 + Br_2 \longrightarrow$

7] エテンの臭素化を臭素水中で行ったところ，副生成物として2-ブロモエタノールが生じた．この副反応の機構を考察して示せ．なお，反応式はつぎの通りである．

$$H_2C=CH_2 + Br_2 \xrightarrow{H_2O} BrCH_2CH_2Br + BrCH_2CH_2OH$$

8] プロペンと臭化水素との反応では二つの生成物が生じる可能性がある．つぎの反応について，予想される二つの生成物の構造式とIUPAC名を示せ．

$$H_2C=CH\text{-}CH_3 + HBr \longrightarrow$$

6章 芳香族炭化水素

ベンゼンを代表とする"亀の甲羅"といわれる化学構造式を含む化合物類は，他のアルケン類とはまったく異なった化学的性質をもっているため，とくに区別されて芳香族化合物（aromatic compounds）と呼ばれている．この名称は，植物に含まれていたよい匂いの成分の多く〔バニリン，クマリンなど（図6.1）〕がベンゼン環を含んでいたことに由来するが，実際にはよい匂いをもつ芳香族化合物はめずらしい．

本章では芳香族化合物がなぜ安定であるのか，また，どのような反応を起こしやすいのかを学んでいこう．

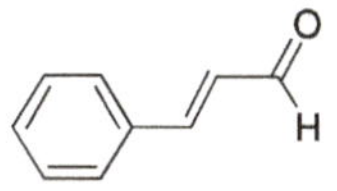

6.1 芳香族炭化水素

ベンゼンの構造

C_6H_6 という分子式をもつベンゼン（benzene）は，分子式を見ると不飽和炭化水素であり，たいへん反応性の高い化合物のように思えるが，実際は非常に安定な化合物である．どういう構造をしているために，このような安定性をもつのかは，古くから議論の的であった．

ベンゼンは白金やパラジウムを加えて高圧下で水素と反応させると3モルの水素と反応してシクロヘキサンを生ずるため，六角形の構造（6員環構造）をもっていることがわかる．また，3モルの水素と反応することから，二重結合を環内に三つもつ図6.2のような構造をしていると考えられる[*1]．

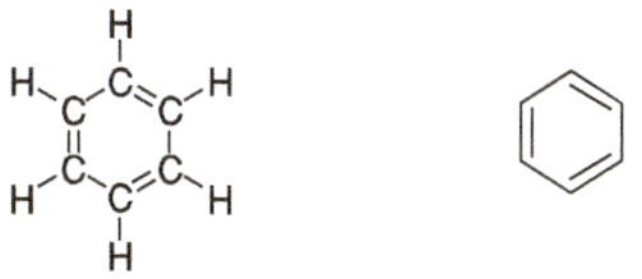

3-phenylpropenal
桂皮アルデヒド
シナモン，ニッキの成分の一つ
（ともにクスノキ科の常緑樹）

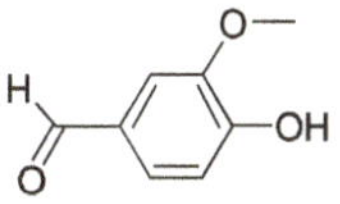

4-hydroxy-3-methoxybenzaldehyde
バニリン
バニラエッセンスの主成分
（バニラはラン科の植物）

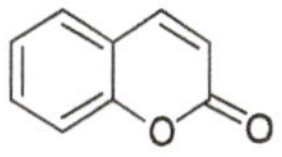

2*H*-chromen-2-one
クマリン

図6.1 よい匂いの芳香族化合物の例

線結合構造式　　骨格構造式

図6.2 ベンゼンの構造

[*1] ベンゼンなどの環状化合物は線結合構造式で記述すると炭素が混みあって書きにくいので，炭素と水素を略した骨格構造式でその構造を表す．

*2 プラチナ触媒を用いた場合，式(6.1)，(6.2)の反応は室温・大気圧下で容易に進むのに対して，式(6.3)の反応にはより高温(50〜100℃)，高圧(5〜10 atm)の条件が必要となる．

ベンゼン中の二重結合はエテン(ethene)などのアルケン類の二重結合に比べて非常に安定である．たとえば，シクロヘキセン(cyclohexene)を水素で還元して，シクロヘキサン(cyclohexane)にする場合の反応熱は118 kJ/molである(式6.1)が，ベンゼンを還元して，シクロヘキサンにする場合の反応熱は206 kJ/mol(式6.3)であり，$118 \times 3 = 354$ kJ/molと比べてはるかに小さい[*2]．

$$\text{シクロヘキセン} + H_2 \longrightarrow \text{シクロヘキサン} + 118 \text{ kJ/mol} \quad (6.1)$$

$$\text{シクロヘキサ-1,3-ジエン} + H_2 \longrightarrow + 230 \text{ kJ/mol} \quad (6.2)$$

$$C_6H_6 + H_2 \longrightarrow + 206 \text{ kJ/mol} \quad (6.3)$$

また，図6.2のような構造であれば，炭素-炭素間の結合距離は二重結合部分が短く，単結合部分は長いはずであるが，実際にはベンゼンのすべての炭素原子は同一平面上にあって，正六角形をしており，炭素間の結合の長さ(139 pm)はすべて等しく，単結合(147 pm)と二重結合(134 pm)の中間の長さである[*3]．

*3 $1 \text{ pm} = 10^{-12}$ m

👉 one rank up！
ベンゼンのπ電子
より正確には，三つの結合性分子軌道と三つの反結合性分子軌道をつくり，6個のπ電子は三つの結合性分子軌道に入る．

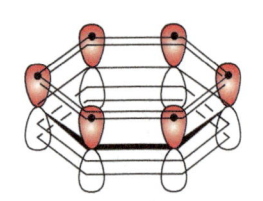

図 6.3 ベンゼンのp軌道(π軌道)電子間の相互作用

これらの事実は，ベンゼンが特別な，非常に安定な環構造をもっていることを示している．エテンでは，二つの炭素原子上のp軌道電子はお互いに作用してπ結合をつくっている．これに対して，ベンゼンの各炭素のp軌道は両隣の炭素のp軌道と相互作用できるため，6個のp軌道に一つずつ入った電子は互いに相互作用しあい，全体として非常に安定な結合をつくっている(図6.3)．

ベンゼンのような，つぎの①〜③の条件を満たす環状化合物は，異常な安定性を示すことが判明している．

①環を構成するすべての原子が同一平面上にある
②環を構成するすべての原子にp軌道(電子が入っていない空の軌道でも，電子対が詰まった軌道でもよい)があって，これらのp軌道がすべて平行に並んでいる
③p軌道に入っている電子の数が全部で2，6，10，…，$2 + 4n$個である($n = 0, 1, 2, \cdots$)

これを **Hückel(ヒュッケル)則** と呼ぶ．そして，Hückel則を満たす環状構造を **芳香環** と呼び，芳香環を含む化合物を **芳香族化合物** と呼ぶ．また，このように芳香環に特有な異常な安定性などを **芳香族性** という．この安定性

のために，芳香族炭化水素は脂肪族炭化水素や脂環族炭化水素とはまったく異なった反応を示す．このため図3.2に示すように他の炭化水素とは明確に区別されている．

例題6.1 つぎの化合物のなかから，芳香族性をもっている化合物を選べ．

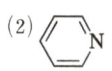

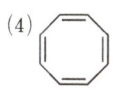

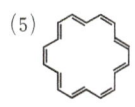

(1) □ (2) ピリジン (3) フラン (4) シクロオクタテトラエン (5) [18]アヌレン

【解答】 (2), (3), (5)

《解説》 (1)は π 電子の数が 4，(4)は 8 なので Hückel 則を満たさない．

(5)は 18π 電子系の芳香族化合物である．

(2) ピリジン（pyridine）という化合物である．ベンゼンの炭素の一つが窒素に置き換わったピリジンも 6π 電子系の芳香族化合物である（図6.4）．

(3) フラン（furan）という化合物である．フランは酸素上の p 軌道に二つ入った非共有電子対が共鳴に関与するため，6π 電子系の芳香族化合物である（図6.4）．

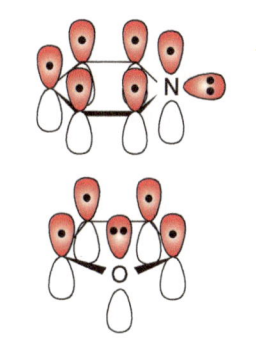

図 6.4 ピリジンとフランの電子状態

ベンゼンの安定化を支える共鳴構造

Hückel 則を暗記することは簡単であるが，その内容を理解することは難しい．そこで，より簡単にベンゼンの安定性を理解するための考え方として"共鳴"というものがある．以下，この共鳴について説明していこう．

ベンゼン中の炭素の p 軌道は両隣の炭素の p 軌道と相互作用でき，結果として 6 個の p 軌道は全体で相互作用しあう 1 セットの軌道となるが，そのような構造を式で表すことはできない．そこで，炭素は片方の炭素のみと相互作用するものとして便宜的に表した二つの構造式〔図6.5(A)・(B)〕の"中間的な構造"が真のベンゼンの構造であると考える．この便宜上の構造〔図6.5(A)・(B)〕を共鳴構造と呼ぶ．

この共鳴構造は化合物の真の構造ではなく，その真の構造のある一面を取りだして示したものである．化合物の真の構造は各共鳴構造の"中間的な構造"であり，共鳴混成体と呼ばれる．また，このような共鳴構造間は

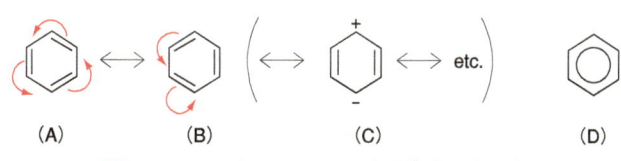

図 6.5 ベンゼンにおける共鳴構造式の表し方

両頭の矢印（⟷）を使って記すことになっている．この両頭の矢印はその左右の構造の間で原子の位置は変わらずに，電子だけが動いていることを示し，反応の推移を示す ⟶ や，平衡を示す ⇌ などの矢印とはっきりと区別される．

原子の位置を変えずに，電子だけを動かして書くことが可能な共鳴構造の数が多ければ多いほど，その化合物は安定である．ただし，電荷が分離したかたちの共鳴構造は安定性への寄与は小さい．たとえば，ベンゼンにおいて，図6.5(C)のような共鳴構造を書くことも可能であるが，このような共鳴構造は真の構造への寄与が小さく，無視できる[*4]．

*4 矢印がついた赤い曲線は，電子対の動きを表している．

ベンゼンの場合，その構造式は二つの共鳴構造の共鳴混成体であることを理解した上で，(A)あるいは(B)のように表すか，とくに二つの共鳴構造の共鳴混成体であることを強調して，(D)のように表す．

このような共鳴による安定化は，ベンゼン以外にも，二つの二重結合が一つの単結合をはさんでいる化合物で一般的に見られる．このような位置関係にある二重結合を**共役二重結合**と呼び，共役二重結合をもつ化合物を**共役化合物**という．

☞ **one rank up !**
共役化合物
二つの三重結合が一つの単結合をはさんでいても，また三重結合と二重結合が一つの単結合をはさんでいても共役化合物である．

式(6.2)に示したように，シクロヘキサ-1,3-ジエンを2モルの水素で還元してシクロヘキサンにする場合の反応熱は230 kJ/molであり，シクロヘキセンの場合の反応熱118 kJ/molの2倍よりも6 kJ/molだけ小さい．これはシクロヘキサ-1,3-ジエンには式(6.4)のような共鳴構造があり，そのための安定化が生ずるためである．ただしこの場合，電荷が分離したかたちの共鳴構造であるため，安定化の度合いは小さい．

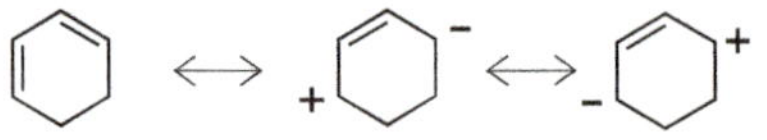

$$\text{シクロヘキサジエン} \longleftrightarrow \text{(双性イオン構造)} \longleftrightarrow \text{(双性イオン構造)} \tag{6.4}$$

もし，ベンゼンが固定されたシクロヘキサ-1,3,5-トリエン構造（共鳴を考えない図6.5(A)または(B)の構造）であるとした場合の還元反応の予想反応熱は354 kJ/molであり，実際の反応熱206 kJ/molよりも大きい．この差(148 kJ/mol)は共鳴によってベンゼン環が安定化を受けているために生じているので，**共鳴安定化エネルギー**と呼ばれる．これは，シクロヘキサ-1,3-ジエンの共鳴安定化エネルギー6 kJ/molよりはるかに大きく，一般に芳香環ではこのように大きな値となる．

ベンゼンはp軌道に入っている電子（π電子）の数が6である**6π電子系**

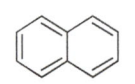

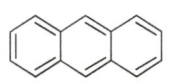

ナフタレン　　　アントラセン

図6.6　ナフタレンとアントラセン

芳香族化合物であり，ナフタレン (naphthalene, 図6.6) は **10π 電子系芳香族化合物**，アントラセン (anthracene) は **14π 電子系芳香族化合物**である．ナフタレンと，アントラセンの共鳴安定化エネルギーはそれぞれ，255，351 kJ/mol である．

例題6.2 つぎの芳香族化合物を，共鳴構造式で示せ．
(1) ナフタレン　(2) ピリジン　(3) フラン

【解答】 (1)〜(3) [構造式省略]

《解説》 (1)・(2)では，寄与の少ない電荷が分離した構造は無視している．(3)のフランでは電荷が分離した構造しか書くことができず，共鳴安定化エネルギーは比較的小さい．

例題6.3 骨格構造式で表されたつぎの化合物を，共役化合物と非共役化合物に分類して，線結合構造式で示せ．

(1)〜(6) [構造式省略]

【解答】 共役化合物
(1) $H_2C=CH-CH=CH_2$ のような構造　(3) $O=CH-CH=CH-CH_2-C≡CH$　(4) $CH_2=CH-C≡N$
(5) [ベンゼン環に $-CH_2-CH=CH_2$ が結合]

非共役化合物
(2) [構造式]　(6) $H_2C=C=CH_2$

《解説》 共役化合物と非共役化合物の判断と，骨格構造式から線結合構造式への変換の二つが問われた複合問題である．共役化合物には単結合を一つはさんだ多重結合があればよいので，(1)(3)(4)(5)が該当する．(5)ではベンゼン環と二重結合は共役していないが，ベンゼン環自体が共役化合

物である．骨格構造式ではCとHはC-H結合ごと省略するため，すっきりとした構造式になる．このため，実際の結合角を模して構造を記述するのが原則であり，直鎖状の化合物はジグザグな線で表す．
(6) C=C=Cは直線状であるため，骨格構造式では炭素を省略してしまうと二重結合一つと区別がつかないため，点をうって二重結合が二つあることを示している．また，二つの二重結合の間では相互作用は働かないので，非共役化合物である．

芳香族化合物の命名法と性質

ベンゼン置換体のIUPAC名は「ベンゼン」という語を語幹＋語尾として使い，この前に置換基名をつけたかたちで他の炭化水素と同様な規則に従って命名する．ただし，簡単な芳香族化合物は慣用名が使われる場合が多

表6.1 代表的な芳香族炭化水素の構造と名称

構造式	IUPAC名	慣用名	融点(℃)	沸点(℃)
(ベンゼン環)	ベンゼン benzene	同左	6	80
CH_3置換	メチルベンゼン methylbenzene	トルエン toluene	-95	111
1,2-$(CH_3)_2$置換	1, 2-ジメチルベンゼン 1, 2-dimethylbenzene	o-キシレン o-xylene	-25	144
1,3-$(CH_3)_2$置換	1, 3-ジメチルベンゼン 1, 3-dimethylbenzene	m-キシレン m-xylene	-48	139
1,4-$(CH_3)_2$置換	1, 4-ジメチルベンゼン 1, 4-dimethylbenzene	p-キシレン p-xylene	13	138
CH_3-CH_2置換	エチルベンゼン ethylbenzene		-95	136
$H_2C=CH$置換	エテニルベンゼン ethenylbenzene	スチレン styrene	-31	145

い．以下，代表的な芳香族化合物の構造や特徴を，表6.1も見ながら理解していこう．

ベンゼンは独特の匂いをもつ無色の液体であり，水にはわずかに溶け，発がん性が高いため使用が制限されている．ベンゼン環を含む化合物はすべて芳香族化合物である．ベンゼンにメチル基が一つ置換したメチルベンゼン(トルエン toluene)や二つ置換したジメチルベンゼン(キシレン xylene)も代表的な芳香族炭化水素である．

ベンゼン環は安定であり，ナフサを熱分解すると，エチレンやプロピレンといっしょにベンゼン，トルエン，キシレンが得られるので，これらを分留によって分ける．キシレンにはメチル基のつく位置により三つの異性体がある(表6.1)．ベンゼン環の1,2-位に置換したものをo-(オルト $ortho$)体，1,3-位に置換したものをm-(メタ $meta$)体，1,4-位に置換したものをp-(パラ $para$)体と呼ぶ．表6.1に示すように，これらの異性体は融点や沸点などの性質が異なり，一般に対称性の高いp-位は融点が高くなる．トルエンやキシレンはベンゼンに比べて毒性が低いので，有機溶剤として用いられている．ナフタレンは昇華しやすい固体であり，防虫剤として使用されてきた．

例題6.4 つぎの芳香族化合物の IUPAC 名を英語で示せ．

(1) Cl—⟨benzene⟩—CH₃ (2) Br置換ベンゼン (3) ⟨benzene⟩—CH₂I

【解答】 (1) 1-chloro-4-methylbenzene (2) 1, 2, 4-tribromobenzene
(3) (iodomethyl)benzene

《解説》 (1) アルファベット順で優先される Cl 基のついている炭素が位置番号1となる．
(2) 置換基につける位置番号はなるべく小さくなるようにする．
(3) "ヨウ素がついたメチル基がベンゼンに置換している"ことを明示するために，括弧でくくってある．

6.2 芳香族求電子置換反応

ベンゼンは求電子置換反応が起きやすい

ベンゼンはエテン，エチンと同じようにπ軌道に電子をもつため，求電子反応を起こしやすい．ただし，アルケンやアルキンでは求電子付加反応が起こるのに対して，ベンゼンでは求電子置換反応が起こる．なぜなら，求電子付加反応が起こってしまうと，芳香族共鳴安定化エネルギーが失わ

れてしまうためである．

それでは，ベンゼンの代表的な求電子置換反応について，具体的に見ていこう．

ベンゼンのハロゲン化

エテンと臭素の反応は非常に起こりやすく，触媒を必要としないが，ベンゼンと臭素の反応には触媒が必要である．これは，ベンゼンのπ結合が共鳴安定化されているためである．臭化鉄 $FeBr_3$ などが触媒として利用されている．

> **☞ one rank up！**
> **触媒としての臭化鉄**
> 臭化鉄は弱いルイス酸であり，臭素分子に配位して分子を分極させることによって，臭素の求電子反応性を高めている．

$$Br_2 + FeBr_3 \longrightarrow \overset{\delta+}{Br}-\overset{\delta-}{Br}\cdots\overset{\delta+}{FeBr_3} \quad (6.5)$$

$$\underset{}{\bigcirc} + Br_2 \xrightarrow{FeBr_3 \text{ or } Fe} \underset{(E)}{\left[\text{カチオン中間体}\right]} + Br^- \longrightarrow \underset{\text{ブロモベンゼン}}{\bigcirc-Br} + HBr \quad (6.6)$$

臭素カチオンは，ベンゼンに付加してカチオン種(E)を中間体として生成する（式6.6）．この(E)と臭化物イオンとが付加してしまうと，ベンゼン環の芳香族性が失われるため，付加反応は起こらずに(E)から水素カチオン（プロトン）が追いだされて芳香環が再生する（図6.7）．結果として，水素が臭素に置き換わってブロモベンゼン（bromobenzene）ができた（**求電子置換反応**が起きた）ことになる．

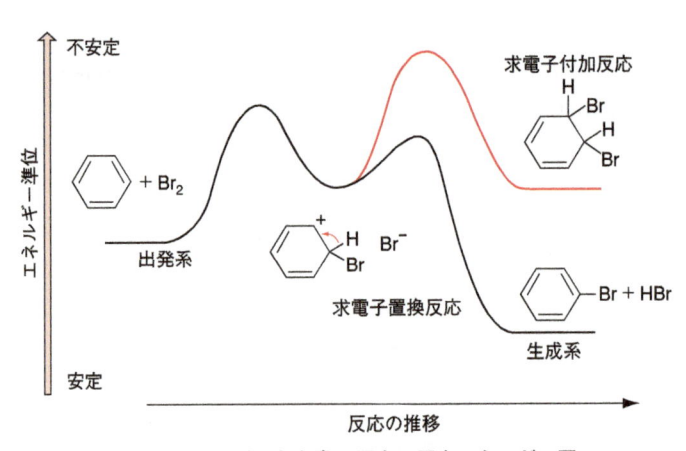

図6.7 ベンゼンと臭素の反応の反応エネルギー図

同様に，塩素を塩化鉄触媒存在下で反応させるとクロロベンゼンが生成する．このように，塩素化合物ができる反応を**塩素化**，臭素化合物ができる反応を**臭素化**[*5]，また広くハロゲン化合物ができる反応を**ハロゲン化**と呼ぶ．

ベンゼンのハロゲン化の触媒には金属鉄（Fe）も有効である．これは，反

[*5] 式(5.11), (5.12), (5.17)の反応も臭素化である．

応系中でハロゲンと反応してハロゲン化鉄をつくるためである．

$$2Fe + 3Br_2 \longrightarrow 2FeBr_3 \tag{6.7}$$

式(6.6)の求電子置換反応の中間体(E)は，残りの二つの二重結合によって強く共鳴安定化されていて，三つの共鳴構造の共鳴混成体として表される(式6.8)．これをとくに，式(6.8)の(F)のような構造式で表す．(F)は二重結合が特定の炭素-炭素間のみにあるのではなく，**非局在化**していることと，カチオンの電荷が環上に分散(非局在化)していることを示している．

$$\tag{6.8}$$

式(6.8)の共鳴構造では，カチオンの電荷は臭素カチオンの攻撃を受けた位置のo-位とp-位にのみあるが，実際にはm-位にもいくらか荷電が生じている．(F)のような求電子置換反応の中間体のモデルとして，H^+がベンゼン環に付加したカチオン種(ベンゼニウムカチオン)を想定して，その各炭素上の電荷の分布を計算したのが図6.8である．

このように，カチオンの電荷はおもに求電子攻撃を受けた位置のp-位とo-位に分布しているが，p-位の部分電荷の方が，o-位の部分電荷よりもいくぶん大きいことがわかる．

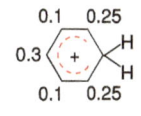

図6.8 ベンゼニウムカチオンの電荷分布の計算値

ベンゼンのニトロ化

硫酸は硝酸(nitric acid)よりも強い酸であるため，濃硫酸と濃硝酸を混ぜると，硝酸が塩基として作用してプロトン化され，続いて水が脱離して，ニトロニウムイオン(nitronium ion)が生成する(式6.9)．ニトロニウムイオンは求電子剤であり，ベンゼンに求電子攻撃を起こして，ニトロベンゼン(nitrobenzene)を生成する(式6.10)．

$$\tag{6.9}$$

$$\tag{6.10}$$

このように，化合物にニトロ基-NO_2を導入する反応を**ニトロ化**という．

ニトロ基は二つの共鳴構造の混成体として考えられる（式6.11）．

$$\text{(6.11)}$$

ベンゼンのスルホン化

ベンゼンに発煙硫酸を加えると，ベンゼンと三酸化硫黄との反応が起こり，ベンゼンスルホン酸（benzenesulfonic acid）が求電子置換反応によって生成する．

$$\text{(6.12)}$$

このような反応を**スルホン化**といい，$-SO_3H$ 基を**スルホ基**と呼ぶ．

ベンゼンスルホン酸は $pK_a = 0.70$ の強酸であり，有機溶媒に対しても高い溶解性を示すため，酸触媒としてよく用いられている．

ベンゼンのアルキル化

ベンゼン中でエテンに濃硫酸を反応させると，エテンのプロトン化によりエチルカチオンが生成する．エチルカチオンは求電子性が高いため，求電子置換反応が起こり，ベンゼンが**エチル化**されてエチルベンゼン（ethylbenzene）が生成する（式6.13）．一般に，このようなアルキル基が導入される反応を**アルキル化**と呼ぶ．

$$\text{(6.13)}$$

> **one rank up！**
> **発煙硫酸**
>
> 硫黄を燃やすと二酸化硫黄 SO_2 ができる．これをさらに酸化バナジウムを触媒として酸化すると，三酸化硫黄（sulful trioxide） SO_3 が生成する．
>
> $$S + O_2 \longrightarrow SO_2$$
> $$\xrightarrow[V_2O_5]{1/2O_2} SO_3$$
>
> 三酸化硫黄は強いルイス酸であり，求電子剤である．濃硫酸は三酸化硫黄 SO_3 を水に溶かしたものであるが，濃硫酸にさらに三酸化硫黄を溶かしたものを発煙硫酸という．
>
> 三酸化硫黄 $+ H_2O$
>
> $\longrightarrow HO-S(=O)_2-OH$ 硫酸

6.3 芳香族炭化水素の酸化反応

側鎖が酸化される

ベンゼン環は安定なため，酸化反応を受けにくい．このため，トルエンなどのアルキル基が置換した化合物を酸化すると，アルキル置換基だけが酸化を受ける．空気を用いる酸化反応（**空気酸化**）では，触媒によっては，**ベンズアルデヒド**（benzaldehyde）の段階で酸化を止めることもできるが，一般に用いられている過マンガン酸カリウムや二クロム酸カリウムを用い

て酸化を行うと安息香酸(benzoic acid)まで酸化が進む(式6.14).

$$\text{ベンゼンカルバルデヒド (ベンズアルデヒド)} \xleftarrow{\text{O}_2 / \text{V}_2\text{O}_5/\text{K}_2\text{SO}_4} \text{トルエン} \xrightarrow{\text{K}_2\text{Cr}_2\text{O}_7/\text{H}_2\text{SO}_4, \Delta} \text{安息香酸} \quad (6.14)$$

メチル基だけではなく,エチル基やイソプロピル基も酸化されてカルボン酸になる.このとき,たとえばエチル基は-CH$_2$COOHというかたちではなく,-COOHとなることに注意してほしい.

$$\text{1,4-ジエチルベンゼン} \xrightarrow{\text{K}_2\text{Cr}_2\text{O}_7/\text{CH}_3\text{COOH}, \Delta} \text{テレフタル酸} \quad (6.15)$$

ナフタレン(naphthalene)の共鳴安定化エネルギーはベンゼンの共鳴安定化エネルギーよりも大きいが,その2倍よりは小さい.このため,ベンゼンよりは反応しやすく,ナフタレンを酸化すると環の一つが酸化されて無水フタル酸(phthalic anhydride)が生成する.

$$\text{ナフタレン} \xrightarrow{\text{O}_2 / \text{V}_2\text{O}_5} \text{無水フタル酸} \quad (6.16)$$

例題6.5 アントラセンを硫酸酸性下,二クロム酸カリウムで酸化した場合に得られると予想される化合物を,下の①～③から選べ.

【解答】 ①

《解説》 アントラセンの場合も,反応後になるべく大きな芳香族共鳴安定化エネルギーが残るように反応するため,中央の環が酸化反応を受ける.ベンゼン2個分の共鳴安定化エネルギー(2×151 = 302 kJ)がナフタレン1個の共鳴安定化エネルギー(255 kJ)よりも大きいためである.

章末問題

1 つぎの化合物の IUPAC 名を記せ．

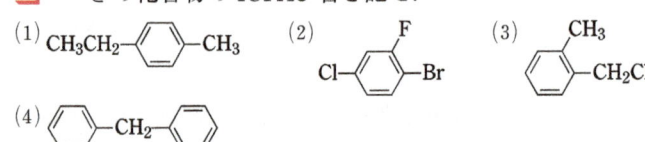

(1) CH₃CH₂—⟨benzene⟩—CH₃ (2) 1-ブロモ-4-クロロ-2-フルオロベンゼン構造 (3) CH₃ と CH₂Cl が o 位にあるベンゼン

(4) ⟨phenyl⟩—CH₂—⟨phenyl⟩

2 以下の反応によって生じる主生成物の構造を記せ．

(1) o-ジメチルベンゼン $\xrightarrow{K_2Cr_2O_7/H_2SO_4, \Delta}$ (2) ベンゼン + $Cl_2 \xrightarrow{Fe}$

(3) イソプロピルベンゼン $\xrightarrow{K_2Cr_2O_7/H_2SO_4, \Delta}$

3 つぎの化合物のなかから，芳香族性をもっている化合物を選べ．

(1) 1,4-ジオキシン (2) ピロール (3) シクロブタジエン (4) アズレン (5) インデン

4 つぎの芳香族化合物を，共鳴構造式で示せ．

トロピリウムカチオン（シクロヘプタトリエニルカチオン）

5 つぎの求電子置換反応において予想される反応機構とトルエン以外の副生成物を示せ．ただし，ここでは臭化アルミニウムはルイス酸触媒として使用されている．

ベンゼン + $CH_3Br \xrightarrow{AlBr_3}$ ⟨benzene⟩—CH_3

7章 置換基効果

　C, H, O, Nなどの限られた元素からできている有機化合物が多様な性質を示すのは、これらの原子の組合せからなる官能基が非常に異なった性質を示すとともに、自分自身が反応しない場合でも、隣接する他の官能基にいろいろな影響を引き起こすためである。このような効果を置換基効果という。おもな置換基効果には、誘起効果、共鳴効果、立体効果がある。
　この章ではこのような置換基効果について紹介する。

7.1 誘起効果

酸の強さと置換基の関係

　酢酸をはじめとするカルボン酸は酸性を示すが、比較的弱い酸でしかない。しかし、塩素が置換したクロロ酢酸は、より強い酸であり、その pK_a は2.85である。その理由を考えてみよう。

　炭素-塩素結合の σ 結合電子対は電気陰性度の違いにより $^{\delta-}$Cl-C$^{\delta+}$ のように分極している(図7.1)。$\delta+$ に分極した炭素は隣接するカルボキシ炭素との σ 結合も分極させる。このため、クロロ酢酸イオンは酢酸イオンよ

共役酸のpK_a　　4.75　　　　　2.85　　　　　1.48　　　　0.64

共役酸のpK_a　　　4.52　　　　　　　4.05　　　　　　　2.86

図7.1　誘起効果がカルボン酸の酸性に及ぼす影響

7章 置換基効果

りも安定であり，クロロ酢酸は，より強い酸性を示す．

このように，塩素は結合電子対を自分のほうに引きつけ，置換基がついている炭素を$δ+$に分極させる性質がある．このような性質を**電子求引性**という．一方，メチル基のようなアルキル基は置換基がついていない場合（すなわち，水素がついている場合）に比べて，結合電子対をアルキル置換基がついた炭素側に押しだす性質がある．このような性質を**電子供与性**という．

また，この場合の電子求引性，電子供与性は置換基と炭素間の$σ$結合電子対の分極による効果であり，このような効果を**誘起効果**という．

カルボン酸では，電子求引基がたくさんつけばつくほど，カルボン酸アニオンが安定化し，酸性が強くなる．また，誘起効果は結合を一つ経るにしたがっておよそ3分の1に減少する．置換基の誘起効果はこのような置換基がついた酢酸の酸の強さによって評価できる．

代表的な置換基の誘起効果は，およそ図7.2のようになる．

誘起効果による電子求引基は，ハロゲン，窒素，酸素などの，炭素よりも電気陰性度の高いヘテロ原子置換基，あるいは$C=O$, $C≡N$, CF_3などの，電気陰性度の高い原子がついた炭素置換基である．ただし，$-O^-$のようにアニオンの電荷をもつ置換基は，炭素側に電子を押しやる電子供与基として働く．逆に，$-N(CH_3)_3^+$のようにカチオンの電荷をもつ置換基は，非常に強い電子求引基である．

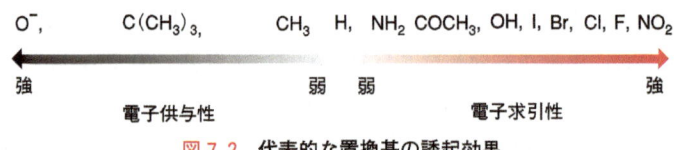

O^-,　　$C(CH_3)_3$,　　　CH_3　　H,　NH_2　$COCH_3$, OH, I, Br, Cl, F, NO_2

強　　　　　　　　　　　　　　弱　弱　　　　　　　　　　　　　強
　　　　電子供与性　　　　　　　　　　　　　電子求引性

図7.2　代表的な置換基の誘起効果

例題7.1　以下のカルボン酸を酸性の強い順に並べよ．

(1) H-C(=O)-O-H　　(2) CH_3-C(=O)-O-H　　(3) CH_3CH_2-C(=O)-O-H　　(4) H_3C-C(=O)-C(=O)-O-H

【解答】　(4)＞(1)＞(2)＞(3)の順

《解説》　(4)は(1)の水素を電子求引性のアセチル基(CH_3CO-)で置換したものなので，カルボン酸アニオンを安定化するため，酸性は強くなる．

(2)は(1)の水素を電子供与性のメチル基で置換したものなので，カルボン酸アニオンを不安定化するため，酸性は弱くなる．

(3)は(2)のメチル基の水素の一つを電子供与性のメチル基で置換したものなので，カルボン酸アニオンに与える影響は小さくなるが，さらに不安定化し，酸性は(2)よりもさらに弱い．

> **one rank up !**
> **誘起効果**
> 置換基の誘起効果は，電気陰性度の相違によって$σ$結合が分極する効果であるため，炭素よりも電気陰性度の高い元素は電子求引性であり，炭素よりも電気陰性度の低い元素は電子供与性である．
>
> 置換基の電子効果の基準となるのは水素原子である．炭素は水素よりも電気陰性度が高いが，炭素-水素間の$σ$結合において，水素は核に近く球対称の1s軌道を使用しているのに対して，炭素は核から遠いところに中心があり，かつ方向性のあるsp^3などの混成軌道を使用している．このため，炭素-水素間の$σ$結合では，結合電子は，炭素-炭素間の$σ$結合に比べて炭素から遠くに，すなわち，より水素に近い位置に分布している．このため，水素のかわりにアルキル基が置換すると，$σ$結合電子は置換基がついた炭素により近い場所に分布することになり，炭素は電気陰性度が水素よりも大きいにもかかわらず，電子供与基として働く．

> **one rank up !**
> **カルボニル基の電子求引性**
> たとえば，-C(O)Rは酸素原子の効果によって$^{δ+}C=O^{δ-}$のように分極しているため，置換している炭素との$σ$結合電子を置換基側(C=O)に引きつけて結合を分極させる．これが，カルボニル基が電子求引性を示す理由である．

各化合物の pK_a は，(4) 2.34，(1) 3.75，(2) 4.75，(3) 4.87 である．

誘起効果と求電子付加反応

プロペン (propene) に塩化水素を付加させると，求電子付加反応が起こって，2-クロロプロパン (2-chloropropane) が選択的に生成する．

$$H_2C=CH-CH_3 \xrightarrow{HCl} H_3C-\underset{Cl}{\underset{|}{CH}}-CH_3$$

プロペン　　　　　　　　2-クロロプロパン

$$\left(H_2C=CH-CH_3 \begin{array}{c} \xrightarrow{H^+} \\ \xrightarrow{H^+} \end{array} \begin{array}{c} H_3C\overset{+}{\underset{H}{-C}}-CH_3 \\ \text{イソプロピルカチオン} \\ \overset{+}{H_2C}-CH_2-CH_3 \\ \text{プロピルカチオン} \end{array} \right) \quad (7.1)$$

この場合，1-クロロプロペンはほとんど生成しないが，これはプロトンが最初に付加する炭素が違うためにできる二つの中間体のうち，イソプロピルカチオン (isopropyl cation) がプロピルカチオン (propyl cation) よりも安定であり，生成しやすいためである．なぜならば，式 (7.1) の反応では，電子供与基は中間体の炭素カチオンの正電荷を部分的に打ち消すため，炭素カチオンに電子供与基が二つついたイソプロピルカチオンの方がプロピルカチオンよりも安定となるためである (図 7.3)．

一般に，より安定な中間体を経る反応は進みやすい．式 (7.1) の反応でいうと，イソプロピルカチオンが生成して，それが続いて塩化物イオンと反応して 2-クロロプロペンに変わる反応の方が進みやすいということである．

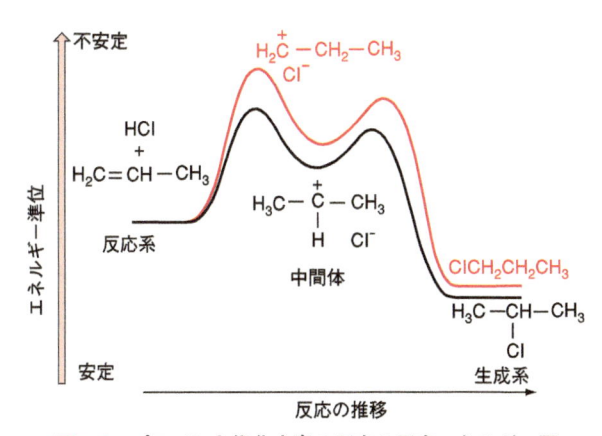

図 7.3　プロペンと塩化水素の反応の反応エネルギー図

誘起効果と求電子置換反応

イソプロピルカチオンは高い求電子性をもち，ベンゼンと求電子置換反応を起こすことが可能である(式7.2)．プロペンとベンゼンとを酸触媒で反応させると，イソプロピルベンゼンが選択的に生成し，プロピルベンゼンは生成しない[*1]．ちなみに，イソプロピルベンゼン(isopropylbenzene)には**クメン**(cumene)という慣用名があり，重要な工業原料である．

*1 この反応は，ベンゼンを基準に考えると求電子置換反応であるが，プロペンを基準に考えると求電子付加反応である．

$$H_2C=CH-CH_3 \xrightarrow[H_2SO_4]{\text{ベンゼン}} \begin{array}{c} H_3C \\ CH-C_6H_5 \\ H_3C \end{array} \quad (7.2)$$

イソプロピルベンゼン
クメン

例題7.2 以下の化合物に1モルの臭化水素が求電子付加した場合に生成すると予想される化合物の構造を式で示せ．

(1) $H_2C=C(CH_3)_2$ (2) $HC\equiv C-CH_3$ (3) $H_2C=C(H)-\overset{+}{N}(CH_3)_3 \quad Br^-$

【解答】
(1) $H_3C-C(CH_3)_2-Br$ (with CH_3 groups)
(2) $H_2C=C(CH_3)-Br$
(3) $Br-CH_2-CH_2-\overset{+}{N}(CH_3)_3 \quad Br^-$

《解説》 アルケンやアルキンにHXが求電子付加する場合，安定な炭素カチオンを生ずる方向に求電子種(ここではH$^+$)が付加する．置換基がアルキル基のみの場合は水素の数が多い側にH$^+$がつくことになる[*2]．$\overset{+}{N}(CH_3)_3$は強い電子求引基であるため，置換基の隣接位のカチオンは不安定化されるので，(3)ではH$^+$は$\overset{+}{N}(CH_3)_3$に近い側の炭素に付加する．

*2 この規則はマルコニコフ則として知られている．

*3 ハロゲンが置換したアルカンであるハロゲン化アルキルはハロアルカン(haloalkane)とも呼ばれる．同様に，ハロゲンが置換したアルケンはハロアルケンと呼ばれる．

7.2 共鳴効果

軌道の相互作用による共鳴効果

ハロアルカン[*3]が求核置換反応を受けやすいのに対して，塩化ビニルのようなハロアルケン[*3]は求核置換反応を起こさない．この理由の一つは，ハロアルカンで見られたようなC-Cl結合の大きな分極がハロアルケンでは起こらないためである．以下，このことについて，もう少し詳しく解説していこう．

ハロアルケンでも，ハロアルカンと同様に誘起効果により$^{\delta+}$C-Cl$^{\delta-}$間のσ結合に分極が生じる(図7.4)．しかし，ハロアルケンでは二重結合と

> **one rank up!**
> **双極子モーメント**
> 分子の分極の度合いは双極子モーメントという値によって評価できる．
> この双極子モーメントはD(デバイ)という単位で表され，塩化ビニルは1.3D(デバイ)であり，クロロエタン(1.96D)よりも小さい．

図7.4 塩素の誘起効果と共鳴効果

塩素原子上の非共有電子対の間で相互作用が起こる．この相互作用を共鳴構造式で表すと，図7.4のようになる．この相互作用は，二重結合のπ軌道と塩素原子上のp軌道が平行に並ぶために生じている．この共鳴によってC-Cl間には逆向きの分極（$^{\delta-}$C-Cl$^{\delta+}$）が生じる．

このように，置換基のπ軌道やp軌道（非共有電子対が入っている場合が多いが，電子の入っていない空軌道も相互作用できる）が置換基のついた原子（通常は炭素）のπ軌道やp軌道と相互作用して，置換基と炭素の間に分極が生じる効果を**共鳴効果**という．共鳴効果でも，置換基には**電子求引基**と**電子供与基**がある．塩素原子の場合は，共鳴式でCl$^+$となっていることからもわかるように，炭素側に電子を押しやっていて，共鳴効果では電子供与基である．

上の例のように，ハロアルケンでは，誘起効果による塩素の電子求引効果を共鳴効果による電子供与効果が部分的に打ち消すため，分極が小さく，このため求核置換反応を受けない．

共鳴効果における電子供与基

ハロゲン，窒素，酸素の非共有電子対をもつヘテロ原子はすべて，共鳴効果において電子供与基である．官能基の電子供与性は，共鳴によって生成するカチオンが不安定であればあるほど小さい．このため，電気陰性度が比較的低い窒素の共鳴による電子供与性は大きく，電気陰性度が高いフッ素は小さい（図7.5）．

図7.5 共鳴効果による電子供与性の違い

> **one rank up！**
> **ハロアルケンが求核置換反応しないもう一つの理由**
> もう一つの理由は，S_N2反応は，求核剤が脱離基であるハロゲンの逆側から炭素を攻撃する必要があるが，ハロアルケンでは置換基の立体効果によってこれが妨げられるためである．

共鳴効果における電子求引基

一方，空いた p 軌道をもつ官能基は電子求引性となる．-C=O，-NO$_2$ などヘテロ原子を含む多重結合をもつ官能基は，π 結合の電子も電気陰性度の違いによって分極するため，図7.6のような，電荷が分離して π 結合が切断された構造の寄与があり，炭素側では π 軌道の電子密度が減少しているために共鳴効果でも電子求引性を示す．

$$\text{C}=\text{O} \longleftrightarrow \text{C}^+—\text{O}^-$$

空いたp軌道

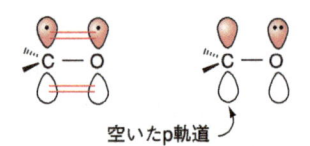

図7.6 共鳴効果における電子求引基

これらの官能基の電子求引性は，これらが二重結合に置換した場合，それぞれ，下式のような共鳴構造式を書くことができることからも確認される[*4]．

*4 たとえば式(7.3)では，-C(O)R が電子供与基として働くかたちの共鳴式を書くこともできるが，この構造は電気陰性度の高い（したがって，アニオンになりやすい）酸素をカチオンにしているため，より不安定であり，共鳴構造への寄与は無視できる．

$$H_2C=CH-\underset{R}{C}=O \longleftrightarrow H_2\overset{+}{C}-CH=\underset{R}{C}-O^- \tag{7.3}$$

$$H_2C=CH-\underset{O^-}{\overset{+}{N}}=O \longleftrightarrow H_2\overset{+}{C}-CH=\underset{O^-}{\overset{+}{N}}-O^- \tag{7.4}$$

共鳴効果は，官能基がついた炭素上に官能基の π 軌道や p 軌道と相互作用できる軌道がなければ働かないため，官能基が飽和の炭素原子についている場合には共鳴効果は働かない．一方，図7.4の塩化ビニルの場合のように，官能基がアルケンや芳香環に置換した場合には誘起効果と共鳴効果がともに働く．この二つの効果をあわせて，官能基の**電子効果**という．

代表的な官能基の誘起効果，共鳴効果の性質を芳香族求電子置換反応における活性化，配向性（これらは次節で説明する）とともに表7.1にまとめて示す．

例題7.3 以下の置換基の共鳴効果の性質を予想せよ．

(1) -COOR (2) -OCR (3) -CF$_3$
           ∥
           O

【解答】 (1) 電子求引性　(2) 電子供与性　(3) 共鳴効果をもたない

《解説》 (1) ヘテロ原子を含む多重結合で，$\overset{\delta+}{-\text{C}}=\overset{\delta-}{\text{O}}$ のように分極している

表7.1 代表的な官能基の置換基効果

	-R	-NH$_2$	-OH	-X	-C(R)=O	-C≡N	-NO$_2$
誘起効果	電子供与性	電子求引性	電子求引性	電子求引性	電子求引性	電子求引性	電子求引性
共鳴効果	(注)	電子供与性	電子供与性	電子供与性	電子求引性	電子求引性	電子求引性
活性化	弱い活性化	強い活性化	強い活性化	弱い不活性化	強い不活性化	強い不活性化	強い不活性化
配向性	o-, p-配向性	o-, p-配向性	o-, p-配向性	o-, p-配向性	m-配向性	m-配向性	m-配向性

(注) アルキル基は共鳴効果において，CH結合が関与した"超共役"を起こし，弱い電子供与基としてふるまうが，ここでは取り扱わない．

ため，電子求引性を示す．誘起効果でも電子求引性である．

(2) エーテル酸素上には非共有電子対があるため，電子供与性を示す．誘起効果では電子求引性である．

(3) 誘起効果では強い電子求引性である．

☞ one rank up !
エーテル酸素
エステル基(-COO-)には二つの酸素があり，C=Oの酸素はカルボニル酸素，もう一つの酸素はエーテル酸素と呼ばれて区別される．アルキル基がついた場合(-COORとなっている場合)はアルコキシ酸素とも呼ばれている．

7.3 ベンゼン環における電子効果の反応への影響

電子供与基が求電子置換反応に与える影響

トルエンを塩素と反応させると塩素がメチル基のo-位，p-位に入ったクロロトルエン(chlorotoluene)の二つの異性体が生じて，その比率はほぼ，3：2となる(式7.5)．もう一つの異性体であるm-クロロトルエンはほとんど生成しない．

$$H_3C-C_6H_5 \xrightarrow{Cl_2/CH_3CO_2H} H_3C-C_6H_4-Cl + H_3C-C_6H_4-Cl + H_3C-C_6H_4-Cl$$

o-クロロトルエン　　p-クロロトルエン　　m-クロロトルエン
　　60%　　　　　　　　40%　　　　　　　　<1%

(7.5)

その理由は，メチル基が電子供与性の置換基であるためである．中間体のカチオン種は，クロロ基がついた位置のo-位とp-位に部分的な電荷をもつため(図6.8)，メチル基のo-位とp-位を攻撃した中間体は安定化するので，できやすい．一方，メチル基のm-位を攻撃した場合の中間体の安定化は小さく，このような中間体はできにくい(図7.7)．

このため，電子供与性の置換基がついたベンゼン誘導体はそのo-位とp-位で求電子置換反応を受けやすくなる．このように芳香族求電子置換反応において，o-位とp-位で求電子置換反応を起こさせるような置換基をo-, p-配向性置換基という．

また，電子供与基は中間体を安定化させるため，芳香族求電子置換反応

電子供与基が置換した場合

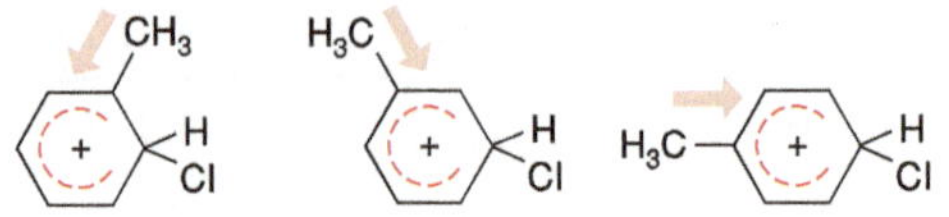
CH3
H
Cl
H3C
H
Cl
H3C
H
Cl

中間体は　大きく安定化　いくらか安定化　大きく安定化

図 7.7　電子供与基が求電子付加反応に与える効果

を起こりやすくさせる．たとえば式(7.5)の反応は同条件下でのベンゼンとの反応に比べて，340倍も反応が速い．このような置換基は**活性化基**と呼ばれる．電子供与基は基本的に *o*-，*p*-配向性の活性化基である(表7.1)．

電子求引基が求電子置換反応に与える影響

＊5　誘起効果でも共鳴効果でも電子求引性である．

一方，ニトロ基は強い電子求引性置換基である[＊5]．ニトロベンゼンをさらにニトロ化する場合，中間体のカチオン種は，新たなニトロ基がついた位置の *o*-位と *p*-位に部分的な電荷をもつため，*o*-位と *p*-位に電子求引基がついた中間体は強く不安定化されるので，できにくい．一方，*m*-位に電子求引基がついた中間体の不安定化の度合いは小さく，このような中間体は他に比べるとできやすい(図7.8)．

電子求引基が置換した場合

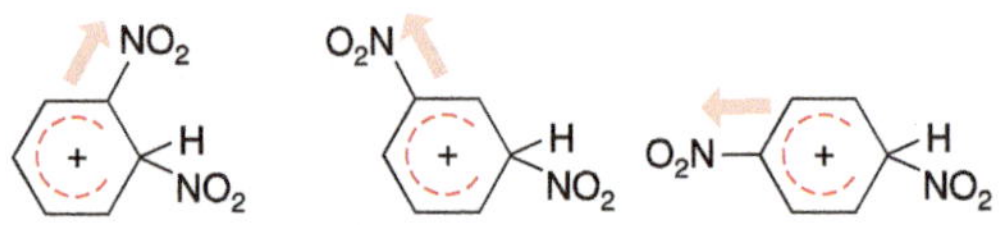
NO2
H
NO2
O2N
H
NO2
O2N
H
NO2

中間体は　大きく不安定化　いくらか不安定化　大きく不安定化

図 7.8　電子求引基が求電子付加反応に与える効果

したがって，ニトロベンゼンをさらにニトロ化させると，*m*-体の1,3-ジニトロベンゼン(1, 3-dinitrobenzene)がおもに生成する(式7.6)．このような，芳香族求電子置換反応において *m*-位で求電子置換反応を起こさせるような置換基を ***m*-配向性置換基**という．

また，電子求引基は中間体を不安定化させるため，求電子置換反応を起こりにくくさせる．このような置換基を**不活性化基**という．電子求引基は基本的に *m*-配向性の不活性化基である(表7.1)．

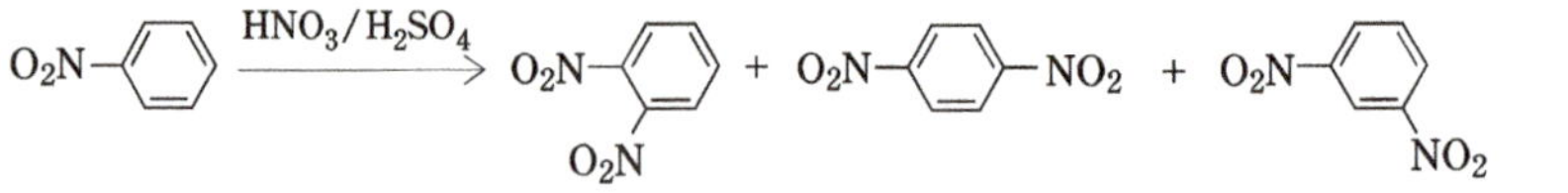
O2N
HNO3/H2SO4
O2N
O2N
O2N
NO2
O2N
NO2

1,2-ジニトロベンゼン　1,4-ジニトロベンゼン　1,3-ジニトロベンゼン
6%　2%　92%
(同条件下でのベンゼンとの反応に比べて，10万倍以上反応が遅い)

(7.6)

ハロゲン置換基が求電子置換反応に与える影響

ハロゲンは，誘起効果においては電子求引性であるため，ハロベンゼンはベンゼンに比べて求電子置換反応を受けにくくなる．たとえば，ブロモベンゼンをニトロ化する反応(式7.7)はベンゼンのニトロ化に比べて約30倍遅く，臭素が芳香族求電子置換反応においては不活性化基であることを示している．

一方，この反応では o-体と p-体のブロモニトロベンゼン(bromonitrobenzene)が生じ，m-体はほとんど生じない．すなわち，臭素は o-，p-配向性の置換基である．

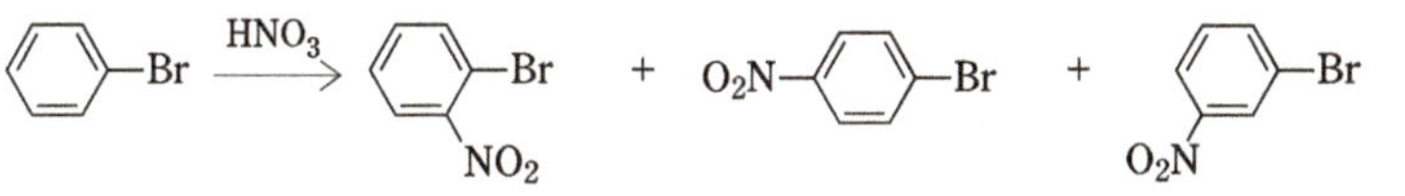

$$(7.7)$$

o-ブロモニトロベンゼン 37% p-ブロモニトロベンゼン 62% m-ブロモニトロベンゼン 1%

これは，臭素原子の共鳴効果により，o-位か p-位にニトロ基がついた中間体は安定化されるためである．ニトロニウムイオンが臭素の p-位を攻撃した場合の中間体を例にとると，臭素原子上の非共有電子対と，ベンゼン環の p 軌道との相互作用は，共鳴構造式を使って，式(7.8)のように表せる．

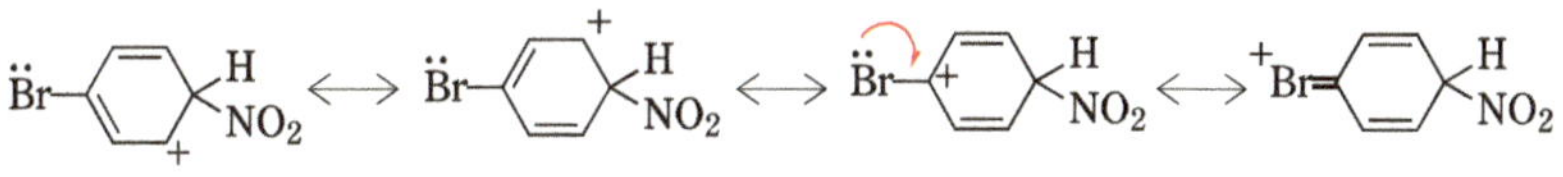

$$(7.8)$$

ニトロニウムイオンが o-位を攻撃しても，同じように臭素原子上の非共有電子対の共鳴効果により中間体が安定化されるが，m-位を攻撃する場合には臭素原子上の非共有電子対が関与した共鳴構造式は書くことができず，安定化は起こらない．

例題7.4 ニトロニウムイオンがブロモベンゼンの o-位を攻撃した場合の中間体の共鳴構造式を示せ．

【解答】

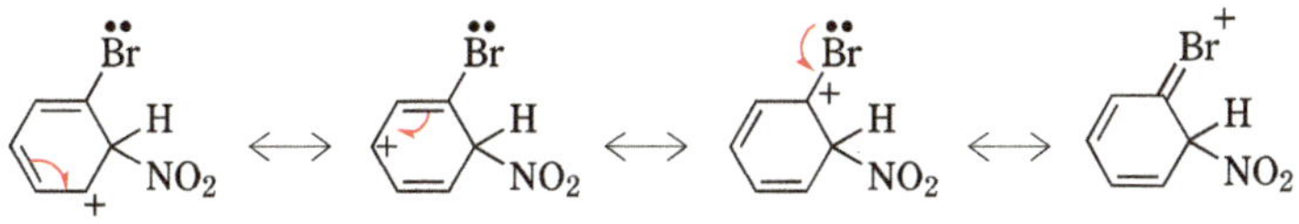

置換基に非共有電子対があって，求電子置換反応が *o*-位か *p*-位で起こった場合にはつねに，上式の4番目の構造のような，余分な共鳴構造式を書くことができる．

置換基が求核置換反応に与える影響

ここでは，いろいろな置換基が，求「核」置換反応に与える影響について考えていこう．

例として，クロロベンゼンと水酸化ナトリウム水溶液を高温高圧で反応させるとフェノールが生成する反応を取りあげよう．この反応は，非常な高温高圧を必要とし，また複雑な機構で進行する．

$$\text{C}_6\text{H}_5\text{-Cl} \xrightarrow[17\,\text{MPa}, 300℃]{\text{aq. NaOH}} \text{C}_6\text{H}_5\text{-ONa} + \text{NaCl} \qquad (7.9)$$

☞ one rank up !
ベンザイン
クロロベンゼンと水酸化ナトリウムとの反応は，ベンザインと呼ばれる高反応性の中間体を経て進む．

benzyne

クロロベンゼンのようなハロゲン化アリールには，芳香環上に π 電子が豊富にあるため，求核反応を受けにくいので，このような反応が起こる．

電子求引性の置換基が芳香環に置換している場合には，より温和な条件で求核置換反応が進み，たとえば1-クロロ-4-ニトロベンゼン（1-chloro-4-nitrobenzene）と水酸化ナトリウムの求核置換反応は130℃で可能となる．

☞ one rank up !
アリール基
メチル基やエチル基などを総称してアルキル基と呼ぶように，フェニル基などの芳香族炭化水素基を総称してアリール基（aryl group）と呼ぶ．

$$\text{O}_2\text{N-C}_6\text{H}_4\text{-Cl} + {}^-\text{OH} \longrightarrow \text{O}_2\text{N-C}_6\text{H}_4(\text{Cl})(\text{OH}) \xrightarrow{-\text{Cl}^-} \text{O}_2\text{N-C}_6\text{H}_4\text{-OH}$$

1-クロロ-4-ニトロベンゼン

$$\xrightarrow{\text{NaOH}} \text{O}_2\text{N-C}_6\text{H}_4\text{-ONa} \qquad (7.10)$$

この場合も中間体として生じるアニオン種は共鳴によって電荷が非局在化して，安定化している．

$$\left[\begin{array}{c}\text{X}\\\text{Y}\end{array}\right] = \left[\;\cdots\;\longleftrightarrow\;\cdots\;\longleftrightarrow\;\cdots\;\right] \qquad (7.11)$$

ニトロ基は誘起効果においても，共鳴効果においても電子求引基である．式(7.10)において，求核攻撃が起こる位置の *p*-位にニトロ基があるため式(7.12)のような共鳴が起こり，ニトロ基は炭素上のアニオンを共鳴効果によっても安定化する．

$$\qquad (7.12)$$

7.3 ベンゼン環における電子効果の反応への影響

このように，芳香族化合物では共鳴効果は置換基の o-位と p-位に働く．共鳴効果における電子供与基はベンゼン環の o-位と p-位に生じるカチオンを共鳴安定化し，共鳴効果における電子求引基はベンゼン環の o-位と p-位に生じるアニオンを共鳴安定化する．

例題7.5 以下の反応によって生じる主生成物の構造を記せ．

(1) C6H5-F + HNO3/H2SO4 →

(2) 4-O2N, 3,5-(NO2)2, Cl-benzene + H2O →

(3) 1,3-ジクロロベンゼン + HNO3/H2SO4 →

【解答】
(1) 2-ニトロフルオロベンゼン + 4-ニトロフルオロベンゼン

(2) 2,4,6-トリニトロフェノール(ピクリン酸)構造：中央OH，2,6位にNO2，4位にNO2

(3) 4-ニトロ-1,3-ジクロロベンゼン(O2N-が4位，Clが1,3位) + 2-ニトロ-1,3-ジクロロベンゼン

《解説》
(1) F はハロゲンであり，o-，p-配向性基であるから．両方とも答えなければ正解とはいえない．

(2) 三つのニトロ基の電子求引効果のため，水によっても求核置換反応が起こる．

(3) o-，p-配向性基である Cl が二つついている．配向性を満たす場所は3カ所であり，4-位と6-位が反応してできる生成物は同じものである．2-位は塩素の立体効果(次節で説明する)のため，実際には反応しにくいが，これも正解である．

⇒ 位置番号: 1-Cl, 3-Cl, 矢印は5位と2位

one rank up!
o-位と p-位のどちらが反応を起こしやすいか

電子供与基がベンゼン環についたときに，o-位と p-位のどちらで求電子置換反応が起こりやすいかは基質の種類や反応条件に左右される．

図6.8で示したように，o-位と p-位では p-位の方が本来は反応しやすい．一般に，激しい条件(高温，高圧)で反応を行う場合には，o-位と p-位の反応性の違いが小さくなり，o-位は2カ所あるのに対して p-位は1カ所であるため，o-位が反応したものが多く生じる．式(7.5)がこの例である．

温和な条件で反応を行うと，中間体がより安定な p-位で選択的に反応が起こる傾向にある．式(7.13)やジアゾカップリング反応(式11.13)がこの例である．

さらに，立体効果が o-位での反応を妨げる場合(式7.14)もあれば，逆に求電子剤とベンゼン環上の官能基との間に相互作用が起こると，選択的に o-位で反応する場合もある(式8.17)．

7.4 立体効果が反応に及ぼす影響

置換基の大きさが立体効果を決める

電子効果と並ぶもう一つの大きな置換基効果に**立体効果**がある．たとえば，t-ブチル基は誘起効果において電子供与性であり，その効果はメチル基と大きな違いはないが，t-ブチル基はメチル基よりも大きいため，求電

子置換反応において，o-位への求電子剤の攻撃を物理的に妨げる（図7.9）．

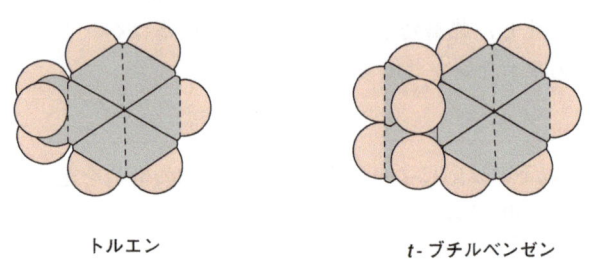

トルエン　　　　　　　　t-ブチルベンゼン
図7.9　トルエンとt-ブチルベンゼンの分子模型の比較

このため，たとえばトルエン（toluene）のスルホン化ではo-体とp-体の両方が生成するが，t-ブチルベンゼン（t-butylbenzene）のスルホン化ではほぼ選択的にp-体のみが生成する．このような置換基の立体効果は，さまざまな反応で見られる（式7.13，7.14）．

$$H_3C-C_6H_5 + H_2SO_4 \xrightarrow{0℃} \underset{\text{オルト- }32\%}{H_3C-C_6H_4-SO_3H} + \underset{\text{パラ- }62\%}{H_3C-C_6H_4-SO_3H} + \underset{\text{メタ- }6\%}{H_3C-C_6H_4-SO_3H}$$

トルエンスルホン酸　　　　　　　　　　(7.13)

$$(CH_3)_3C-C_6H_5 + H_2SO_4 \xrightarrow{0℃} (CH_3)_3C-C_6H_4-SO_3H \quad (7.14)$$

p-t-ブチルベンゼンスルホン酸
〜100%

章末問題

1 以下の置換基の誘起効果と共鳴効果を予想して示せ．

(1) $-O^- Na^+$　　(2) $-OCH_3$　　(3) $-COCF_3$　　(4) $-\underset{H}{C}=O$

2 以下のカルボン酸を酸性の強い順に並べよ．

(1) $HOCH_2-COOH$　　(2) CH_3-COOH　　(3) $(CH_3)_2CH-COOH$

(4) $HOCH_2CH_2-COOH$　　(5) O_2NCH_2-COOH

3 以下の化合物に臭化水素が1モル求電子付加したとき生成すると予想

される化合物の構造を式で示せ．

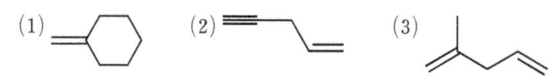

(1) [メチレンシクロヘキサン]　(2) [ペンタ-1-エン-4-イン]　(3) [2-メチル-1,4-ペンタジエン]

4] つぎの化合物を臭素化した場合におもに生成すると予想される化合物の構造を式で示せ．

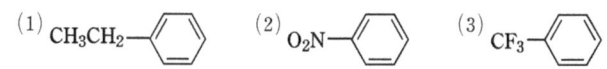

(1) CH₃CH₂—⟨benzene⟩　(2) O₂N—⟨benzene⟩　(3) CF₃—⟨benzene⟩

5] ベンゼンから p-ニトロフェノールを合成する経路を示せ．

6] m-キシレンのニトロ化を行ったところ，選択的に2,4-ジメチル-1-ニトロベンゼン(2,4-dimethyl-1-nitrobenzene)が生成し，他の異性体はまったく得られなかった．この理由を説明せよ．

$$m\text{-キシレン} \xrightarrow{\text{HNO}_3/\text{H}_2\text{SO}_4}{30℃} \text{2,4-ジメチル-1-ニトロベンゼン}$$

2,4-ジメチル-1-ニトロベンゼン

8章
アルコール, フェノール, エーテル

　炭化水素中の炭素原子が酸素原子と置き換わった化合物のうち, OH 基をもつ化合物はお酒などに含まれていて俗に"アルコール"と呼ばれるエタノール, 燃料電池に使われるメタノールなど, 私たちにもなじみの深い化合物が多い.

　この章では, OH 基をもつ化合物であるアルコール類とフェノール類, また, C–O–C 結合をもつエーテル類をとりあげて, これらの化合物の性質と反応性を説明する.

8.1　アルコールとフェノール

アルコールとフェノールの違い

　OH 基(ヒドロキシ基：hydroxy group)がアルキル基についたものを**アルコール**と呼び, 芳香環についたものを総称して**フェノール**と呼ぶ. メタノールやエタノールは代表的なアルコールであり, フェノール類にはフェノール(ここでは C_6H_5OH を指す固有名)やクレゾールがある[*1]. 表8.1に代表的なアルコールとフェノールの構造・名称と性質を示す.

*1 クレゾールにはメチル基がつく位置によって, 3種類の異性体がある.

アルコールとフェノールの分類と命名法

　まず, アルコールの分類法を二つ学ぼう. 一つめは, ヒドロキシ基のついている炭素の状態による分類である. アルコールはヒドロキシ基がついている炭素の状態により, 第一級(1°, primary), 第二級(2°, secondary), 第三級(3°, tertiary)に分類される. ヒドロキシ基がついている炭素に, 水素が二つ以上ついているアルコールが第一級, 水素が一つついているアルコールが第二級, 水素が一つもついていないアルコールが第三級である(図8.1).

　二つめは, ヒドロキシ基の数による分類である. ヒドロキシ基を一つだけもつアルコールを**1価アルコール**, 二つもつものを**2価アルコール**と呼

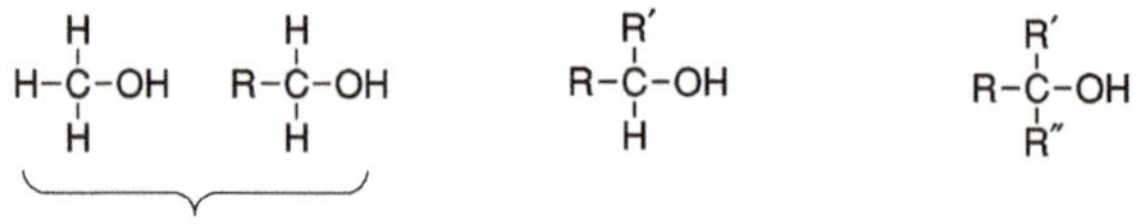

図8.1 アルコールの分類

第一級アルコール　　第二級アルコール　　第三級アルコール

*2　接尾語をつけると母音が重なる場合は，語幹の語尾の-e をとるのが原則である．

び，二つ以上もつものを総称して，**多価アルコール**という．

続いて，アルコールの名前のつけ方を解説しよう．IUPAC 命名法では，アルコールは対応するアルカンの語尾の-e を-ol に変えて命名する[*2]．ヒドロキシ基がつく炭素の位置番号は，-ol の直前にハイフンとともにつける．ヒドロキシ基を2個，3個もつものは，アルカンの語尾そのまま（語尾の e をとらない）に-diol，-triol とつけて命名する．具体的には，表8.1 を参照のこと．

*3　これに従うと，フェノールはベンゼノール（benzenol）となるが，通常は慣用名をそのまま使用する．また，ヒドロキシ基よりも優先順位が高い官能基をもつ場合は，接頭語としてhydroxy-をつけて命名する．

フェノール類は芳香族炭化水素の名称のあとに，-ol，-diol，-triol をつけて命名する[*3]．-ol をつける場合は炭化水素名の語尾の-e をとる．具体的には，つぎの例題8.1で学んでほしい．

慣用的な命名法では，アルコールはアルキル基の名称の後にアルコールとつけて表す．フェノール類の慣用名には規則性はないが，-ol を語尾にもつものが多い．

表8.1 代表的なアルコール，フェノールの名称とその性質

構造	IUPAC 名	慣用名	融点 (℃)	沸点 (℃)	水への溶解度 (g/100 gH_2O)	pK_a
CH_3OH	メタノール methanol	メチルアルコール methyl alcohol	−98	65	∞	15.5
CH_3CH_2OH	エタノール ethanol	エチルアルコール ethyl alcohol	−115	78	∞	16.0
$CH_3CH_2CH_2CH_2OH$	ブタン-1-オール butan-1-ol	ブチルアルコール butyl alcohol	−90	117	7.9	
$HOCH_2CH_2OH$	エタン-1,2-ジオール ethane-1,2-diol	エチレングリコール ethylene glycol	−13	198	∞	14.2
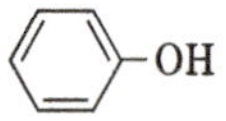 ⌬-OH	フェノール phenol	同左	41	182	9.5	9.9
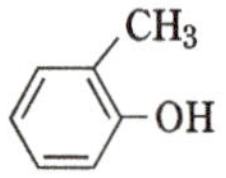 ⌬(CH_3)-OH	2-メチルフェノール 2-methylphenol	o-クレゾール o-cresol	31	191	3.1 (40°)	10.3

例題8.1 以下の化合物の IUPAC 名を英語で答えよ．

(1) CH₃CHCHCH₃ の2位に CH₃，3位に OH
(2) HOCH₂CHCH₂OH のCに OH
(3) ベンゼン環に HO, OH, Cl

【解答】 (1) 3-methylbutan-2-ol　　(2) propane-1, 2, 3-triol
(3) 5-chlorobenzene-1, 3-diol

《解説》 (1) ヒドロキシ基に近い端から番号をつける．
(2) グリセリン (*glycelin*) という慣用名が知られている．
(3) 二つのヒドロキシ基になるべく小さな位置番号がつくようにする．

アルコールとフェノールの合成法

ここでは，代表的なアルコールであるメタノールとエタノール，およびフェノールの合成法について解説する．

メタノール(methanol)は無色の液体である．工業的には一酸化炭素と水素とを高温(250〜400 ℃)，高圧(200〜300 atm)でCu-Zn-Cr系触媒を用いて反応させることによって合成される．メタノールは溶媒，燃料，工業原料として使用されている．

$$2H_2 + CO \xrightarrow{\text{Cu-Zn-Cr系触媒}} CH_3OH \quad (8.1)$$
（メタノール）

エタノール(ethanol)は溶媒，燃料，工業原料として，さらに消毒薬としても使用されている無色の液体である．グルコース(glucose)の発酵によって生じる，酒類に含まれるアルコールである．グルコースを発酵させてエタノールをつくる方法は，工業的にも主要な合成法である．

$$C_6H_{12}O_6 \longrightarrow 2\,CH_3CH_2OH + 2\,CO_2 \quad (8.2)$$
（グルコース）　　（エタノール）

工業的な合成法のもう一つの方法として，エテンの水和反応がある．エテンを硫酸やリン酸などの酸触媒の存在下で水と反応させると，二重結合への水の付加が起こる．

$$H_2C=CH_2 \xrightarrow{H_2SO_4} H_3C-\overset{+}{C}H_2\,HSO_4^- \xrightarrow{H_2O} CH_3-CH_2-\overset{+}{O}H_2\,HSO_4^-$$

$$\longrightarrow CH_3-CH_2-OH + H_2SO_4 \quad (8.3)$$
（エタノール）

この反応の機構を解説しよう．まず，硫酸からの H^+ がエテンへ付加することにより，エチルカチオンが生じる．水分子は電気陰性度の違いから，$\overset{\delta+}{H}\text{-}\overset{\delta-}{O}\text{-}\overset{\delta+}{H}$ に分極していて，エチルカチオンと容易に反応する．その後，H^+ が脱離してエタノールが生成する．H^+ は再びエテンと反応できるため，H^+ は触媒量で十分となる．

この反応のように水分子が物質に付加する反応を**水和反応**という．エテンの水和反応も可逆反応であり，水がない条件下では逆反応が進行する（式8.10）．

つぎは，フェノールについて見てみよう．フェノールは工業的にはクメン法(式9.13を参照)によってつくられている．フェノールの合成法は，他には7章に示したようなクロロベンゼンと水酸化ナトリウム水溶液との高温高圧での反応がある(式7.9)．また，スルホ基は強い電子求引基であるため，ベンゼンスルホン酸と水酸化ナトリウム(融点340℃)とを高温で加熱して，溶融させると求核置換反応が起こって，フェノールが生成する（式8.4）．

$$\text{C}_6\text{H}_5\text{-SO}_3\text{H} \xrightarrow[350℃]{\text{NaOH}} \text{C}_6\text{H}_5\text{-ONa} \xrightarrow{\text{H}^+} \text{C}_6\text{H}_5\text{-OH（フェノール）} \quad (8.4)$$

フェノールは潮解性のある無色の結晶であり，特有の刺激臭をもつ．水には少し溶けて酸性を示す．医薬，染料，合成樹脂などの工業原料として使用されている．

アルコールの水素結合

3章で示したように，アルコールやフェノールは水素結合をつくる（図8.2）．このため，アルコールやフェノールは分子量が同程度の炭化水素よりも沸点が高い．また，炭素数が3以下のアルコールは水とどんな割合でも自由に混じりあうが，これもおもに水素結合のためである．フェノールは炭素数が多すぎるため，水にはあまり溶けない(表8.1)．

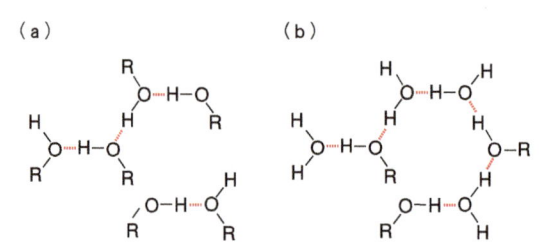

図8.2　アルコールの水素結合の模式図
(a) アルコールとアルコール間の水素結合
(b) アルコールと水の間の水素結合

8.2 アルコールの反応

アルカリ金属との反応

ナトリウムは水と非常に激しく反応して，水酸化物の塩を生じる．アルコールも同じようにナトリウム（sodium）と反応して，アルコキシド（あるいはアルコラート）の塩を生じる．

> **one rank up!**
> **ナトリウム塩の名称**
> メタノールやエタノールのような単純なアルコールの塩については，アルコキシド（メトキシド，エトキシド）の名称が許されている．

コラム　アルコールを使って電気をつくる──燃料電池

水を電気分解すると陰極に水素が，陽極に酸素が発生するという実験を，中学生のときにした人も多いだろう．

陰極：$2H_2O + 2e^- \longrightarrow H_2 + 2OH^-$

陽極：$2OH^- \longrightarrow H_2O + \frac{1}{2}O_2 + 2e^-$

逆に，陰極に水素が，陽極に酸素がある状態で，両極をつなぐと電流が流れる．

陰極：$H_2 \longrightarrow 2H^+ + 2e^-$

陽極：$\frac{1}{2}O_2 + 2H^+ + 2e^- \longrightarrow H_2O$

この二つの反応式を加えると

$H_2 + \frac{1}{2}O_2 \longrightarrow H_2O$

となり，水素を燃料として燃焼（酸化）させて，電気をつくっていることがわかる．このような発電システムを燃料電池と呼ぶ．

水素は気体状で保管が難しいため，燃料電池用の燃料にはメタノールもしばしば用いられている．この場合，メタノールを次式のような反応で水素に変えてから使う方法（改質法）と，メタノールを直接燃料として使う方法（直接法）がある．

改質法の反応式はつぎの通りである．

$CH_3OH \longrightarrow 2H_2 + CO$ （式8.1の逆反応）

$CO + H_2O \longrightarrow H_2 + CO_2$

また，直接法の陰極の反応式はつぎのようになる．

$CH_3OH + H_2O \longrightarrow CO_2 + 6H^+ + 6e^-$

これに，陽極の反応式を3倍して加えると

$CH_3OH + \frac{3}{2}O_2 \longrightarrow CO_2 + 2H_2O$

となり，やはりメタノールを燃焼させて電気をつくっていることがわかる．陰極には一般に白金系の触媒が使われる．

現在，発電所での発電効率は50％程度である．すなわち，エネルギーの50％が廃熱として捨てられているということである．ところが，家庭や工場で小さな規模で発電を行うと，廃熱を暖房や給油などの熱エネルギーとして利用できる．このような小規模の発電を分散型発電といい，従来の集中型発電に比べエネルギー資源の無駄が少ないので，大きな注目を集めている．とくに，水素を燃料とする場合は地球温暖化の原因となる CO_2 が生成しない点でもすぐれている．

近い将来には，工場や車などのエネルギー源には水素を用いた燃料電池が，携帯電話・ノートパソコンなどのモバイル機器のエネルギー源や家庭用のエネルギー源にはメタノールを用いた燃料電池が使われていくものと期待されている．

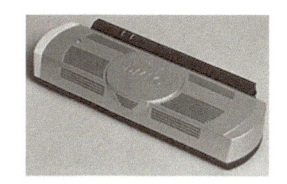

ノートPC用小型メタノール燃料電池
（株式会社 東芝 ウェブサイトより）

$$CH_2CH_2OH + Na \longrightarrow CH_3CH_2ONa + \frac{1}{2}H_2 \qquad (8.5)$$
ナトリウム　　　　　　　　ナトリウムエトキシド

アルコールは酸としての性質をほとんど示さないため，その共役塩基であるアルコラートは強い塩基である．

3種類の酸化反応

1種類目の反応は，第一級アルコール（primary alcohol）を硫酸で酸性にしたクロム酸水溶液に加えると，アルコールが酸化され，アルデヒドが生成する反応である（アルデヒドについては9章で詳しく学ぶ）．

$$\underset{\text{第一級アルコール}}{R-\underset{\underset{H}{|}}{\overset{\overset{H}{|}}{C}}-OH} + CrO_3 \xrightarrow{H_2SO_4/H_2O} R-\underset{\underset{H}{|}}{\overset{\overset{H}{|}}{C}}-O-\underset{\underset{O}{\|}}{\overset{}{Cr}}-OH \longrightarrow \underset{\text{アルデヒド}}{R-\overset{\overset{H}{|}}{C}=O} + HO-\underset{\underset{O}{\|}}{\overset{\overset{OH}{|}}{Cr}}=O \qquad (8.6)$$

この反応式からわかるように，この酸化反応が進むためにはヒドロキシ基がついた炭素に水素がついている必要がある．

また，水中ではアルデヒドは水と反応して1,1-ジオール（1, 1-diol）[*4]が生成する．

$$R-\overset{\overset{H}{|}}{C}=O + H_2O \rightleftarrows \underset{\text{1,1-ジオール}}{R-\underset{\underset{H}{|}}{\overset{\overset{OH}{|}}{C}}-OH} \qquad (8.7)$$

このジオールも，クロム酸によって容易に酸化されてカルボン酸（carboxylic acid）が生成する．

$$R-\underset{\underset{H}{|}}{\overset{\overset{OH}{|}}{C}}-OH + CrO_3 \longrightarrow R-\underset{\underset{H}{|}}{\overset{\overset{OH}{|}}{C}}-O-\underset{\underset{O}{\|}}{\overset{}{Cr}}-OH \longrightarrow \underset{\text{カルボン酸}}{R-\overset{\overset{OH}{|}}{C}=O} + HO-\underset{\underset{O}{\|}}{\overset{\overset{OH}{|}}{Cr}}=O \qquad (8.8)$$

3種類目の反応は，第二級アルコール（secondary alcohol）を同様に反応させると，ケトン（ketone）が生成する反応である．

$$\underset{\text{第二級アルコール}}{R-\underset{\underset{H}{|}}{\overset{\overset{R'}{|}}{C}}-OH} + CrO_3 \xrightarrow{H_2SO_4/H_2O} \underset{\text{ケトン}}{R-\overset{\overset{R'}{|}}{C}=O} + H_2CrO_3 \qquad (8.9)$$

第三級アルコールはヒドロキシ基がついた炭素に水素がないため酸化されない．

☞ **one rank up！**
三酸化クロムを使うわけ
高校の教科書では二クロム酸（以前は重クロム酸といった）の塩が代表的な酸化剤としてでてくる．クロム酸とは三酸化クロムを水に溶かしたものであり，水中では二分子のクロム酸が縮合して二クロム酸ができ，クロム酸と二クロム酸との間には平衡が存在する．

$$2H_2CrO_4 \rightleftarrows H_2Cr_2O_7 + H_2O$$

この平衡のために，クロム酸水溶液中での酸化反応の記載は煩雑になる．そのため，大学の有機化学のテキストでは，クロム酸と二クロム酸のかわりに三酸化クロムを使って示す場合が多い．

[*4] 位置番号が1の炭素にヒドロキシ基が二つ置換しているため、1,1-ジオールと呼ぶ．gem-ジオールという呼び方もある．

☞ **one rank up！**
協奏反応
式(8.6)や式(8.8)の反応の，クロム酸エステルからの脱離反応は極性反応でもラジカル反応でもなく，複数の結合が同時に形成・切断される反応である．このような反応を協奏反応という．

8.2 アルコールの反応

> **例題8.2** 以下の化合物を硫酸酸性のクロム酸水溶液と反応させたときにできると予想される生成物の構造を答えよ．
>
> (1) $HOCH_2CH_2CH_2CH_2OH$
>
> (2) $CH_3CH(OH)CH(OH)CH_3$ (with central CH_3 branch: $CH_3\underset{OH}{C}CH(OH)CH_3$ where the left carbon bears CH_3 and OH)
>
> (3) フェニル-CH(OH)-CH$_3$
>
> **【解答】**
>
> (1) $HOOCCH_2CH_2COOH$
>
> (2) $CH_3\underset{OH}{C}(CH_3)COCH_3$
>
> (3) フェニル-CO-CH$_3$
>
> 《解説》(1) 第一級アルコールはアルデヒドをへてカルボン酸にまで酸化される．
>
> (2)(3) 第二級アルコールはケトンに酸化される．
>
> (2) 第三級アルコールは酸化を受けない．

脱離反応でアルケンが生成する

アルコールを濃硫酸と加熱すると，高温では水分子がとれてアルケンが生じる．この反応はアルケンの水和反応（式8.3）の逆反応である．

たとえば，エタノールを濃硫酸と約170℃に加熱するとエチレンが生成する．プロトン化されたエタノールから水とプロトンが同時にとれてエチレンが生じている．この反応はエチレンの実験室的な製法である．

$$CH_3-CH_2-OH \xrightarrow[170℃]{H_2SO_4} H_2C=CH_2 + H_2O \tag{8.10}$$

$$\left(CH_3-CH_2-OH \xrightarrow{H^+} CH_3-CH_2-\overset{+}{O}H_2 \longrightarrow H-CH_2-CH_2-\overset{+}{O}H_2 \xrightarrow[-H^+]{-H_2O} H_2C=CH_2\right)$$

縮合反応でエーテルが生じる

式(8.10)の脱水反応では，中間体としてプロトン化されたエタノールが生じている．プロトン化されたヒドロキシ基は強い電子求引基となるため，ヒドロキシ基がついた炭素はδ+に強く分極し，求核置換反応も受けやすくなる．未反応のエタノールがこれを攻撃すると，**ジエチルエーテル**(diethyl ether)が生成する．このように，二つの分子から水のような小さい分子がとれて結合ができる反応を一般に**縮合反応**と呼ぶ．

$$2\,CH_3-CH_2-OH \xrightarrow[130℃]{H_2SO_4} (CH_3CH_2)_2O + H_2O \tag{8.11}$$

ジエチルエーテル

$$\left(CH_3-CH_2-\overset{+}{O}H_2 + HO-CH_2-CH_3 \xrightarrow{-H_2O} CH_3CH_2-\overset{\overset{H}{+}}{O}-CH_2CH_3 \xrightarrow{-H^+} (CH_3CH_2)_2O\right)$$

☞ **one rank up !**
縮合反応は見かけの分類
この縮合反応の分類は，反応の見かけの分類によるもので，反応機構上の分類とは異なる．反応機構上の分類では求核置換反応である．

式(8.10)の脱離反応と式(8.11)の縮合反応は競いあって起こるが、縮合反応は通常、脱離反応(170℃)よりも低い温度(130℃付近)で進行する．

これら二つの反応は、ともに水分子がとれる反応であり、**脱水反応**と呼ばれる．

例題8.3　エタノールの脱水反応には通常、濃硫酸が酸触媒として用いられる．なぜ、濃塩酸ではまずいのであろうか．この理由を考察せよ．

【解答】　考えられる理由は三つある．
① 濃硫酸には脱水作用があるため、脱水反応が不可逆になる．
② 塩酸を使うと、求核性のある塩素アニオンが反応に関与してくる．

$$CH_3-CH_2-\overset{+}{O}H_2 + Cl^- \xrightarrow{-H_2O} CH_3-CH_2-Cl$$

この点で硫酸アニオンや硫酸水素アニオンは求核性が弱く、また、万が一反応しても、取れやすい[*5]．

③ 現実問題としては、濃塩酸は加熱によって気体の塩化水素になりやすく失われやすいため、この場合のような高温での使用は好まれない．

[*5] このことを「脱離性が塩素アニオンよりも高い」と表現することもある．

8.3　フェノールの反応

フェノールは微酸性

アルコールは酸としての性質をほとんど示さないが(表8.1)、フェノール(phenol)は水溶液中では一部が電離して弱酸性を示す．これは、フェノールは解離したフェノキシドアニオン(phenoxide anion)[*6]がベンゼン環との共鳴により比較的安定であるのに対して、メタノールやエタノールでは共鳴効果によるアニオンの安定化がまったくないためである．

[*6] フェノラートアニオン(phenolate anion)とも呼ぶ．

$$C_6H_5-OH + H_2O \rightleftharpoons C_6H_5-O^- + H_3O^+$$

　　フェノール　　　　　　　フェノキシドアニオン

(8.12)

例題8.4　フェノキシドアニオンの共鳴構造式を示せ．

【解答】

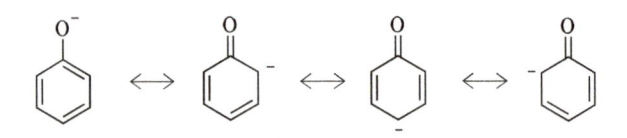

$$\text{(共鳴構造式：}O^-\text{のベンゼン環}\leftrightarrow\text{オルト位}C^-\leftrightarrow\text{パラ位}C^-\leftrightarrow\text{オルト位}C^-\text{)}$$

《解説》　フェノールでも類似の共鳴構造式を書くことが可能であるが、フ

ェノールの場合は電荷が分離した共鳴構造式しか書けないため，寄与が小さい．

フェノールの pK_a は9.89と酢酸($pK_a = 4.8$)や二酸化炭素水溶液中の炭酸($pK_a = 6.4$)よりも弱い酸である．

ここまで述べたように，フェノールは，たいへん微弱ではあるが酸性を示すので，水酸化ナトリウムのような強塩基と中和反応を起こして塩を生成し，水に溶ける．

$$\text{C}_6\text{H}_5\text{-OH} + \text{NaOH} \longrightarrow \text{C}_6\text{H}_5\text{-ONa} + \text{H}_2\text{O}$$
ナトリウムフェノキシド
(8.13)

また，フェノキシド塩の水溶液に二酸化炭素を通じると，中和反応が進行して，フェノールが分離してくる．

$$\text{C}_6\text{H}_5\text{-ONa} + \text{CO}_2 + \text{H}_2\text{O} \longrightarrow \text{C}_6\text{H}_5\text{-OH} + \text{NaHCO}_3$$
(8.14)

例題8.5 以下の化合物を酸性が強い順に並べよ．

① C$_6$H$_5$-OH ② CH$_3$-C$_6$H$_4$-OH ③ Br-C$_6$H$_4$-OH

④ O$_2$N-C$_6$H$_4$-OH

【解答】 ④＞③＞①＞②の順

《解説》 電子供与基はフェノキシドアニオンの電荷を不安定化し，塩基性を高め，逆に電子求引基はアニオンを安定化し，塩基性を弱める．したがって，フェノールの酸性はベンゼン環に電子求引基がつくと強まり，電子供与基がつくと弱まる．ニトロ基の電子求引性はブロモ基よりも大きい．ちなみに，pK_a の値は，④7.15，③9.35，①9.89，②10.17である．

フェノールとアルカリ金属との反応

アルコールと同じように，フェノールも金属ナトリウムと反応して，フェノキシドの塩を生じる．

$$\text{C}_6\text{H}_5\text{-OH} + \text{Na} \longrightarrow \text{C}_6\text{H}_5\text{-ONa} + \frac{1}{2}\text{H}_2$$
(8.15)

求電子置換反応

ここでは，フェノールの求電子置換反応の例として，ハロゲン化とカルボキシ化を解説する．

まず，ハロゲン化から見てみよう．フェノール中のヒドロキシ基は，誘起効果では電子求引性，共鳴効果では電子供与性である．π電子に満ちたベンゼンに置換した場合は共鳴効果が強く働き，全体では強い電子供与基として，したがって強い活性化基としてふるまう．とくにフェノキシドアニオンは負に帯電しているため，誘起効果でも電子供与性となり，全体としての電子供与性はさらに向上する．

このため，フェノールやフェノキシドアニオンはベンゼン環への求電子置換反応を非常に受けやすく，また o-, p-配向性である．臭素化は触媒を必要とせず，臭素水（臭素が溶けた水）とフェノールを混ぜただけで反応が起こり，臭素が三分子反応した2,4,6-トリブロモフェノール (2, 4, 6-tribromophenol)がただちに白色沈殿として生成してくる（式8.16）．

$$\text{C}_6\text{H}_5\text{OH} + 3\,\text{Br}_2 \longrightarrow \text{2,4,6-トリブロモフェノール} + 3\,\text{HBr} \tag{8.16}$$

つぎは，カルボキシ化を見てみよう．二酸化炭素は $\overset{\delta-}{\text{O}}=\overset{\delta+}{\text{C}}=\overset{\delta-}{\text{O}}$ のように分極しているため，中央の炭素には求電子性がある．そのため，反応性がとくに高いナトリウムフェノキシドとは，高温高圧の条件下で求電子置換反応を起こして，サリチル酸ナトリウム (sodium salicylate)が生成する（式8.17）．選択的に o-位で反応するのはナトリウムカチオンと攻撃してくる二酸化炭素との間に相互作用が働くためとされている．

このように，カルボキシ基が導入される反応を**カルボキシ化**という．

$$\text{(反応機構図)} \xrightarrow{\text{H}_3\text{O}^+} \text{サリチル酸} \tag{8.17}$$

8.4 エーテル

エーテルの構造と性質

一般に，二つの炭化水素置換基（アルキル基かアリール基）に結合した酸素原子をもつ有機化合物をエーテルという．エーテルはアルコールの構造

異性体であり，反応性は低い．代表的なエーテルの構造・名称と性質を表8.2に示す．

表8.2　代表的なエーテルの名称とその性質

構造	IUPAC名	慣用名	融点(℃)	沸点(℃)	水への溶解度(g/100 gH_2O)
CH_3OCH_3	メトキシメタン methoxymethane	ジメチルエーテル dimethyl ether	−142	−25	
$CH_3CH_2OCH_2CH_3$	エトキシエタン ethoxyethane	ジエチルエーテル diethyl ether	−116	34	6.4
⌬—OCH_3	メトキシベンゼン methoxybenzene	アニソール anisole	−37	156	1.1

エーテルの名前のつけ方

簡単な構造のエーテルは，アルキル基の名称の後にエーテルという語をつけて命名してもよい．そうでない場合にはRO-基を置換基として，接頭語にアルコキシ(メトキシ，エトキシなど)をつけて命名する．具体的には，つぎの例題で学んでほしい．

例題8.6　以下の化合物のIUPAC名を英語で答えよ．
(1) $CH_3OCH_2CH_2OCH_3$　(2) CH_3O—⌬—OH

【解答】　(1) 1,2-dimethoxyethane　(2) 4-methoxyphenol

《解説》　(1) DMEの略称で知られ，溶媒としてよく用いられる化合物である．
(2) ヒドロキシ基のついた炭素が位置番号1となる．

エーテルはあまり反応しない

エーテルは水素結合をつくれないため，異性体のアルコールに比べて沸点は低い．また，反応性が低く，アルコールとは異なりナトリウムとは反応しない．このため工業原料としては用いられず，アルカン類と同じように，溶媒や燃料として使用されている．

ジメチルエーテルは沸点が−25℃の無色の気体であり，加圧によって液化しやすい．水にはわずかに溶ける．自動車用燃料など幅広い用途に使用可能な「次世代型のクリーンエネルギー」として，期待が高まりつつある．現在は，メタノールの脱水によって合成されている(式8.18)が，より安価

に製造するため，水性ガスを原料とする合成法が検討されている（式8.19）．

$$2\,CH_3OH \xrightarrow{H_2SO_4} CH_3OCH_3 + H_2O \qquad (8.18)$$

$$3\,CO + 3\,H_2 \longrightarrow CH_3OCH_3 + CO_2 \qquad (8.19)$$

ジエチルエーテルは水より軽い無色の液体であり，水にはわずかに溶ける．沸点が低く揮発しやすいため引火性が高く，また麻酔作用があるため，取り扱いには十分注意する必要がある．工業的にはエタノールの硫酸やリン酸を用いる脱水反応によって合成される（式8.11）．多くの有機化合物を溶かすため，水に溶けたり，水に混じったりしている有機化合物を抽出するための溶媒としてよく用いられる．

章末問題

1 以下の化合物の IUPAC 名を英語で答えよ．

(1) CH₃CH(CH₃)CH₂CH(OH)CH₂OH （2,4-ジメチル-6-ヒドロキシベンゼン型：2,6-ジメチル-4-位にOH、下記参照） (3) ジフェニルエーテル

(1) CH₃CH(CH₃)CH(OH)CH₂OH の構造：CH₃-CH(CH₃)-CH(OH)-CH(OH) 型
(2) 2,4,6-トリメチルフェノール型（CH₃が2,6位、H₃Cが4位、OH付き）
(3) C₆H₅-O-C₆H₅

(4) HOCH₂-C₆H₄-OH （p-体） (5) CH₃OCH₂CH₂OH

2 以下の化合物を酸性が強い順に並べよ．

① C₆H₅-OH
② p-O₂N-C₆H₄-OH
③ 2,6-ジニトロ-4-ニトロ型（O₂N が 2,4 位、OH が 1 位にある。実際は 2,6-ジニトロフェノール型で示されている）：2,6-(NO₂)₂-C₆H₃-OH（4位にもNO₂ではなく、図では2,6位にNO₂、4位にO₂N）
④ m-O₂N-C₆H₄-OH

3 **2**の②の化合物が解離した p-ニトロフェノキシドアニオンの共鳴構造式を示せ．

4 以下の化合物を硫酸酸性のクロム酸水溶液と反応させたときにできると予想される生成物を答えよ．

(1) HOCH₂CH₂CH(OH)CH₂CH₂OCH₃
(2) OHC-C₆H₄-CH₂OH
(3) H₂C=O

5 つぎのアルケンが水和反応したときにできるアルコールの構造式とIUPAC 名を示せ．

(1) CH₃CH=CH₂ (2) [methylenecyclohexane structure]

6 エタノールを濃塩酸とともに密閉した系中で，150 ℃で加熱した場合に得られると考えられるすべての化合物の構造式と IUPAC 名を示せ．

9章 カルボニル化合物

C=O基（カルボニル基）は有機化合物の置換基のなかで，もっとも重要な官能基の一つである．酢酸，クエン酸，乳酸などの有機酸類にも，アミノ酸，タンパク質などの生体を構築する物質にも，あるいはペットボトルの材料であるPETやナイロンにもカルボニル基は含まれている．

カルボニル基の特徴の一つは，カルボニル基にどのような原子が直接置換しているかによって，その性質が大きく変化することである．この章では，そのようなカルボニル基をもつ化合物について学んでいく．

9.1 カルボニル基の性質

さまざまなカルボニル化合物

炭素原子と酸素原子間に二重結合がある原子団を**カルボニル基**と呼び（図9.1），カルボニル基をもつ化合物を**カルボニル化合物**と呼ぶ．炭素-炭素間の二重結合とは異なり，カルボニル基には原子の電気陰性度の差により分極が生じているため，カルボニル化合物の反応性はアルケンとは大きく異なる．

図9.1 カルボニル基

$\overset{\delta+}{C}=\overset{\delta-}{O}$ の分極のため，求核剤は炭素原子を攻撃しやすい．また，プロトンのような求電子剤は二重結合ではなく，酸素の非共有電子対を攻撃する．この場合，二重結合は保たれ，カルボニル炭素はさらに求電子剤に

図9.2 アルケンとカルボニル化合物の反応性の違い

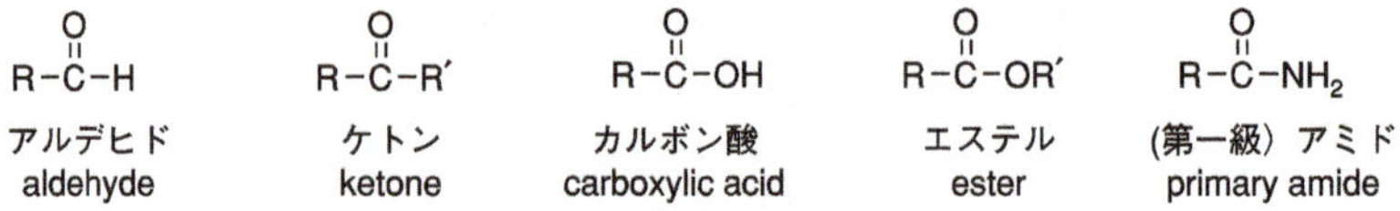

図9.3 カルボニル基をもつ化合物

アルデヒド aldehyde	ケトン ketone	カルボン酸 carboxylic acid	エステル ester	(第一級) アミド primary amide
R-CO-H	R-CO-R'	R-CO-OH	R-CO-OR'	R-CO-NH$_2$

よる攻撃を受けやすくなる(図9.2).

　カルボニル基を含む化合物には，アルデヒド，ケトン，カルボン酸，エステル，アミドなどがある(図9.3). これらのうち，アルデヒドとケトンについてはこの章で，カルボン酸とエステルについては10章で，アミドについては11章で学んでいく.

9.2 アルデヒドの性質と反応

アルデヒドの命名法

　アルデヒド類はカルボニル基に水素がついた構造(-CHO)をもつ. 代表的なアルデヒドの名称と性質を表9.1に示す. IUPAC名は対応するアルカンの語尾の-eを-alに変えて命名する. アルデヒド基が2個あるものはアルカンの語尾に-dialとつけて命名する. 芳香族アルデヒドの場合は，-CHOを除いた名称に，-carbaldehydeをつけて命名する. 表9.1のような簡単なアルデヒド類は慣用名の使用が認められている. 慣用名は対応するカルボン酸の慣用名(10章参照)の語尾-ic acidを-aldehydeに変えて命名する.

☞ **one rank up！**
アルデヒドの名前のつけ方
-alで命名する場合はアルデヒド基の炭素も主鎖に数えられているが，carbaldehydeで命名する場合にはアルデヒド基の炭素は主鎖に入っていない. これをcarb(carbon：炭素)を名称中にいれて明示している.
　また，アルデヒド基を接頭語として命名する場合はformyl-をつける.

表9.1 代表的なアルデヒドの名称と性質

構造	IUPAC名	慣用名	融点(℃)	沸点(℃)	*gem*-diolとの平衡定数 K (25℃)
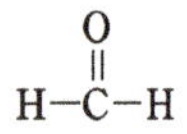 H-CO-H	メタナール methanal	ホルムアルデヒド formaldehyde	-92	-19	2×10^3
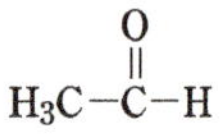 H$_3$C-CO-H	エタナール ethanal	アセトアルデヒド acetaldehyde	-121	21	1.1
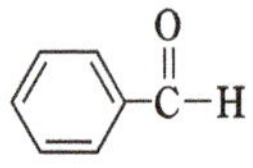 C$_6$H$_5$-CO-H	ベンゼンカルバルデヒド benzenecarbaldehyde	ベンズアルデヒド benzaldehyde	-26	179	8×10^{-3}

例題9.1 以下の化合物のIUPAC名を英語で答えよ.

(1) 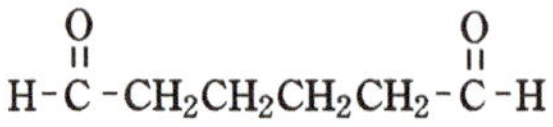 H-CO-CH$_2$CH$_2$CH$_2$-CO-H

(2) 2-ヒドロキシベンゼン (o-CHO, OH置換ベンゼン)

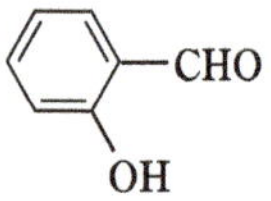

【解答】 (1) hexanedial　　(2) 2-hydroxybenzencarbaldehyde

《解説》 (1) アルデヒド基は鎖の端にあるのが明白なため，1,6-hexanedial とはしない．

(2) ヒドロキシ基とアルデヒド基という二つの官能基があるが，「付録 IUPAC 命名法について」の表に示したように，アルデヒド基のほうが優先順位が高く，アルデヒドとしての命名となる．

アルデヒドの合成と性質

硫酸酸性下で二クロム酸ナトリウムを用いてアルコールを酸化すると，いったんアルデヒドができるが，この条件下ではアルデヒドはさらに酸化されてカルボン酸になってしまう．

$$R-CH_2-OH \xrightarrow[H_2SO_4]{Na_2Cr_2O_7} R-\overset{O}{\overset{\|}{C}}H \xrightarrow[H_2SO_4]{Na_2Cr_2O_7} R-COOH \tag{9.1}$$

これは，水中で酸化を行うと，式(8.7)に示したような水和反応とそれに続いた酸化反応が進むためである．

では，どうすればアルデヒドが得られるのだろうか．クロロクロム酸ピリジニウム (pyridinium chlorochromate, PCC)（図9.4）を酸化剤に用いると，アルコールの酸化をジクロロメタンなどの非水系の溶媒中で行うことができ，アルデヒドが合成できる．

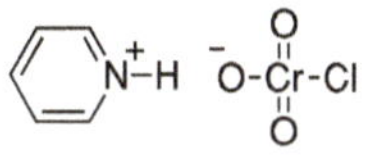

$$R-CH_2-OH \xrightarrow[CH_2Cl_2]{PCC} R-\overset{O}{\overset{\|}{C}}H \tag{9.2}$$

図9.4　クロロクロム酸ピリジニウム

また，アルデヒドはカルボン酸とは違って酸性を示さない．以下，代表的なアルデヒドであるホルムアルデヒドとアセトアルデヒドを見てみよう．

ホルムアルデヒドはメタノールを白金や銅の触媒とともに加熱すると生成する．

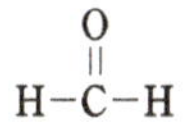

$$CH_3OH \xrightarrow{Cu\ or\ Pt} H_2CO + H_2 \tag{9.3}$$

ホルムアルデヒド

刺激臭のある無色の気体で，水によく溶ける．

アセトアルデヒドは刺激臭のある低沸点の無色の液体であり，有機溶媒にも水にもよく溶ける．アセトアルデヒドは工業的にはエテンの酸化によって合成される（式5.15）が，エタノールの酸化やエチンの水和によっても合成できる．

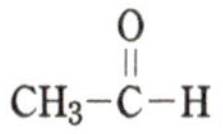

アセトアルデヒド

エチンの硫酸酸性条件下での水和反応は H^+ を触媒として起こり，エテンの水和反応の場合と同様な機構によって，いったんはビニルアルコール

(vinyl alcohol)が生成するが，ビニルアルコールは不安定な化合物なので単離することはできず，プロトンがすみやかに移動して，アセトアルデヒド(acetaldehyde)に変化する[*1]．

*1 ビニルアルコールとアセトアルデヒド間の平衡は互変異性と呼ばれる．

$$HC \equiv CH \xrightarrow{H^+} H_2C=\overset{+}{C}H \xrightarrow{H_2O} CH_2=CH-\overset{+}{O}H_2$$

$$\xrightarrow{-H^+} [CH_2=CH-OH] \rightleftarrows CH_3-CH=O \quad (9.4)$$

ビニルアルコール　　エタナール
　　　　　　　　アセトアルデヒド

アルキン類の水和反応は，硫酸水銀($HgSO_4$)のような水銀塩触媒があると非常に速く進む．この反応では，Hg^{2+}がアセチレンに求電子付加して生成するカチオン種に水が付加したものから，水銀イオンとアセトアルデヒドが生成する(式9.5)．反応は硫酸酸性下で行われる．

$$HC \equiv CH \xrightarrow{Hg^{2+}} HC\overset{\overset{Hg^{2+}}{/\backslash}}{=\!=\!=}CH \xrightarrow[-H^+]{H_2O} \overset{\overset{Hg^+}{|}}{CH}=CH-OH \xrightarrow[-Hg^{2+}]{H^+} [CH_2=CH-OH]$$

$$\rightleftarrows CH_3-CH=O \quad (9.5)$$

例題9.2 アセトアルデヒドの方がビニルアルコールよりも安定であることを表4.1の平均結合エネルギーをもとに証明せよ．

【解答】 ビニルアルコール中のC=C，C-O，O-H結合がアセトアルデヒド中ではC-C，C-H，C=O結合に変わっている．平均結合エネルギー(kJ/mol)は

ビニルアルコール		アセトアルデヒド	
C=C	610	C-C	347
O-H	464	C-H	414
C-O	359	C=O	736
3(C-H)	1242	3(C-H)	1242
合計	2675		2739

であり，アセトアルデヒドの方が64 kJ/molだけ安定である．

《解説》 結合エネルギーは，その結合を解離させるのに必要なエネルギーであるから，この値が大きい方が化合物は安定である．なお，この計算ではアセトアルデヒドやビニルアルコールの状態の変化は無視している．

アルデヒドの求核付加反応

ここでは，アルデヒドの求核付加反応として，水和反応，還元反応，フェノールとの反応，付加縮合の四つを紹介する．

(1) 水和反応 8章で示したように，アルデヒドは水中では *gem*-ジオール (*gem*-diol) との平衡にある．この水和反応は酸あるいは塩基があると，非常に速く進行する．

$$H_2O + R-\overset{\delta+}{\underset{H}{C}}=\overset{\delta-}{O} \rightleftarrows R-\underset{H}{\overset{H^+\!\overset{+}{O}H}{C}}-O^- \xrightarrow{H^+移動} R-\underset{H}{\overset{OH}{C}}-OH \quad (9.6)$$

gem-ジオール

> **one rank up!**
> ***gem* という言葉の意味**
> *gem*-(geminal) は二つの置換基が同じ炭素についていることを示す．二つの置換基が隣接した炭素についている場合は，*vic*-(vicinal) と表す．

とくにホルムアルデヒドは水中ではほぼ完全 (99.9 %) に *gem*-ジオールとして存在し，その水溶液はホルマリン (formalin) と呼ばれている (この反応の 25 ℃ での平衡定数は表 9.1 を参照)．

$$H_2O + H-\underset{H}{C}=O \rightleftarrows H-\underset{OH}{\overset{OH}{C}}-H \quad (9.7)$$

0.1%　　　　　メタンジオール　99.9%
　　　　　　　ホルマリン

メタンジオールはそのままのかたちで取りだすことはできず，取りだそうとすると平衡がずれて，ホルムアルデヒドに変わる．

(2) 還元反応 アルデヒドをホウ素化ナトリウムなどの還元剤で還元すると，アルコールができる．ホウ素化ナトリウム中の水素は，ホウ素の方が水素よりも電気陰性度が低いためδ−に分極していて，これがδ+に分極しているカルボニル基の炭素原子を攻撃する．中和後にアルコールが生成する．ホウ素化ナトリウム中の水素はすべてアルデヒドと反応できるため，1 モルのホウ素化ナトリウムにより 4 モルのアルコールが還元できる．

$$\underset{H}{\overset{R}{>}}C=O \xrightarrow[\text{2) } H_3O^+]{\text{1) NaBH}_4} RCH_2OH \quad (9.8)$$

$$\left(\underset{H}{\overset{H}{>}}\!B\!-\!H^{\delta-} + \underset{H}{\overset{R}{>}}\overset{\delta+}{C}\!=\!O^{\delta-} \longrightarrow \underset{H}{\overset{R}{>}}C\!-\!O\!-\!B\!\!< \xrightarrow{H_3O^+} RCH_2OH + HO\!-\!B\!\!< \right)$$

(3) フェノールとの反応 ホルムアルデヒドをフェノールと酸触媒で反応させると，ホルムアルデヒドはプロトン化によって求電子性が高まり（図9.2），フェノールへの求電子置換反応を起こして，*p*-ヒドロキシベンジルアルコール (*p*-hydroxybenzyl alcohol) が生成する．低温では *p*-体が優先的

*2 この反応はフェノールから見れば求電子置換反応であるが，ホルムアルデヒドから見ると，求核付加反応である．

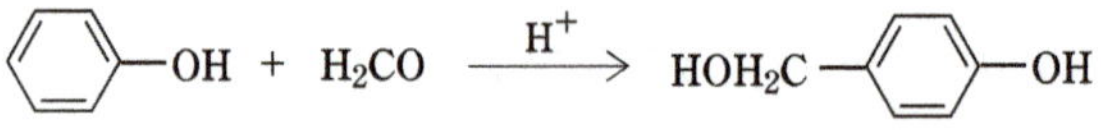

に生じる*2．

$$\text{C}_6\text{H}_5\text{-OH} + \text{H}_2\text{CO} \xrightarrow{\text{H}^+} \text{HOH}_2\text{C-C}_6\text{H}_4\text{-OH}$$

p-ヒドロキシベンジルアルコール

いったん生成したp-ヒドロキシベンジルアルコールを，フェノールと酸触媒でさらに反応させると縮合が起こり，フェノール基を二つ含む化合物が合成される．

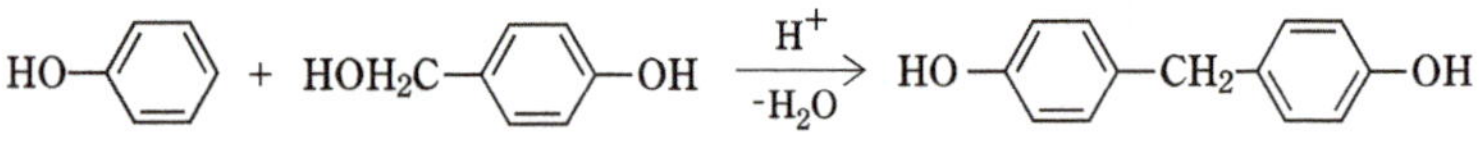

$$\text{HO-C}_6\text{H}_5 + \text{HOH}_2\text{C-C}_6\text{H}_4\text{-OH} \xrightarrow[-\text{H}_2\text{O}]{\text{H}^+} \text{HO-C}_6\text{H}_4\text{-CH}_2\text{-C}_6\text{H}_4\text{-OH}$$

ビス(p-ヒドロキシフェニル)メチレン

(9.9)

これはp-ヒドロキシベンジルアルコールからプロトン化の後に脱水してできるカチオン種〔式9.10中の(A)〕が，ベンゼン環による共鳴安定化のためにできやすく，これがフェノールに求電子置換反応を起こすためである．この反応もやはり低温ではp-体が優先的にできる．

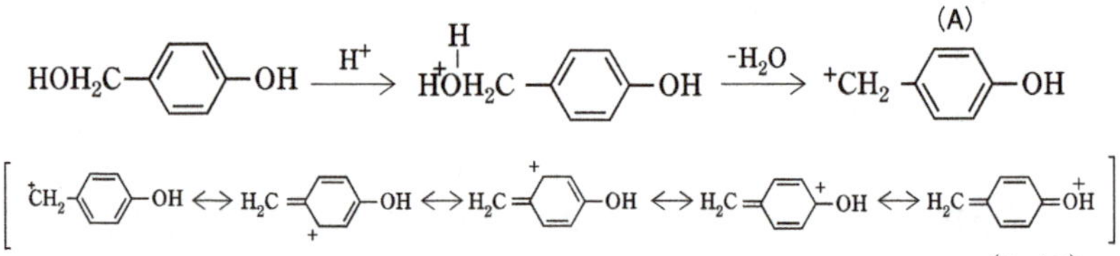

$$\text{HOH}_2\text{C-C}_6\text{H}_4\text{-OH} \xrightarrow{\text{H}^+} \text{HOH}_2\text{C-C}_6\text{H}_4\text{-OH}_2^+ \xrightarrow{-\text{H}_2\text{O}} {}^+\text{CH}_2\text{-C}_6\text{H}_4\text{-OH} \quad (A)$$

[共鳴構造式]

(9.10)

one rank up !
フェノール樹脂の成型

フェノール樹脂の成型は，縮合反応があまり進んでいない液状，あるいは粉末状のフェノール樹脂（このようなものをプレポリマーと呼ぶ）の段階で行う．

プレポリマーを型に入れて加熱すると，縮合反応がさらに進んで三次元の網目構造となり，このため硬くなって成型品ができる．このような高分子化合物は熱硬化性プラスチック（あるいは熱硬化性樹脂）と呼ばれる．

これに対して，ポリエチレン，ポリプロピレン，ポリ塩化ビニルなどは加熱すると柔らかくなり，やがては液状になる．液状になったものを型に入れて，冷やして固めて成型する．このような高分子化合物は熱可塑性プラスチックと呼ばれる．

(4) 付加縮合 フェノールとホルムアルデヒドを酸触媒とともに高温高圧で加熱すると，求核付加反応とそれに続く縮合反応が起こり，高分子化合物となる．フェノールは o-位でも p-位でも反応が起こるため，生成した高分子はポリエチレンなどのような直線状のものではなく，三次元の網目構造となる．この重合反応は付加反応と縮合反応からなり，**付加縮合**と呼ばれる．生成した高分子は**フェノール樹脂**（図9.5）と呼ばれ，合板用や壁紙用の接着剤に使用されている．

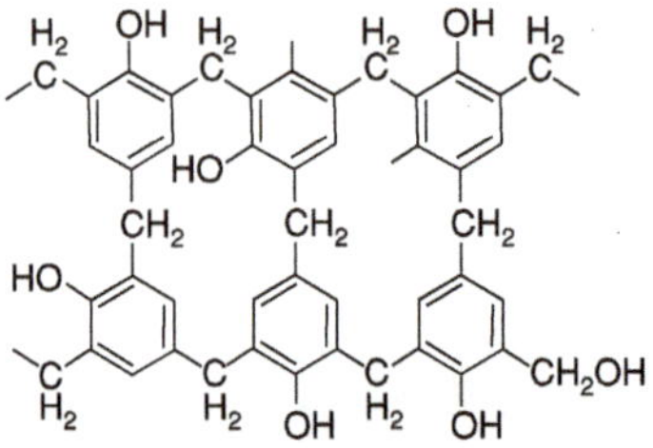

図9.5 フェノール樹脂の構造の一部

アルデヒドの酸化反応

アルデヒドは過マンガン酸カリウムやクロム酸などの酸化剤によって容易に酸化されて，カルボン酸を生じる．アンモニア性の酸化銀（あるいは硝酸銀）のような弱い酸化剤でも酸化は進む．硝酸銀の希アンモニア水溶液とアルデヒドを反応させると，アルデヒドが酸化されてカルボン酸に変わるときに，銀イオンが還元されて金属状の銀が生成する．これが反応容器の壁に銀鏡となって析出するので**銀鏡反応**と呼ばれる．この反応ではアルデヒドは還元剤として働いている．

$$\text{R-CHO} + 2\text{Ag}^+ + 2\text{OH}^- \longrightarrow \text{R-COOH} + 2\text{Ag} + \text{H}_2\text{O} \quad (9.11)$$

例題9.3 ホルムアルデヒドを酸化すると，二酸化炭素と水が最終生成物としてできる．その過程を反応式で示せ．

【解答】

$$\text{H}_2\text{CO} \xrightarrow{[O]} \text{HCOOH} \xrightarrow{[O]} \text{HOCOH} \rightleftarrows \text{H}_2\text{O} + \text{CO}_2$$

悪酔いを科学する

アルコールを酸化すると，アルデヒドを経由して，カルボン酸になる．この式(9.1)の酸化反応は，ニクロム酸ナトリウムなどを用いなくても，人がお酒を飲んだ場合に体内で起こっている反応である．

$$\text{CH}_3\text{-CH}_2\text{-OH} \xrightarrow{\text{ADH}} \text{CH}_3\text{-CHO} \xrightarrow{\text{ALDH}} \text{CH}_3\text{-COOH}$$

人がお酒を飲んだ場合，エタノールは胃から約25％が吸収され，残りの大部分は小腸で吸収される．吸収されたエタノールは肝臓でアルコール脱水素酵素(alcohol dehydrogenase, ADH)によって酸化されてアセトアルデヒドが生成する．

つらい二日酔い

アセトアルデヒドは毒性が比較的高いので，蓄積されると，頭痛がする，血管が拡張して顔が赤くなる，吐き気がする，心臓の鼓動が速くなるなど「悪酔い」の原因となる．また，アセトアルデヒドの慢性作用としては，発がん性のあることが知られている．

アセトアルデヒドは，体内では2種類のアセトアルデヒド脱水素酵素(ALDH)によって酸化されて酢酸となり無毒化される．しかし，日本人の約44％は，2種類あるALDHの片方が先天的に欠けていたり，活性が弱かったりするなど，悪酔いしやすい体質である．

適度の飲酒は健康にもよいといわれるが，適量の目安は1日に日本酒で2合程度であり，大量のエタノールの摂取は，とくに悪酔いしやすい体質の人にはアセトアルデヒドの体内への蓄積を引き起こすことを覚えておこう．

《解説》 酸化により，いったんギ酸を生成するが，ギ酸は分子内にアルデヒド基をもつため，さらに酸化が進んで炭酸となる．炭酸は不安定であり，二酸化炭素と水に変わる．

9.3 ケトンの性質と反応

ケトンの命名法

ケトン類はカルボニル基にアルキル基あるいはアリール基がついた構造をもつ．代表的なケトンの名称と性質を表9.2に示す．

ケトン類のIUPAC名は，対応するアルカンの語尾の-eを-oneに変えて命名する．この場合，酸素原子がついている位置番号をつける必要がある．ケト基が2個あるものはアルカンの語尾に-dioneとつけて命名する．簡単なケトン類は二つのアルキル基(あるいはアリール基)の名称の後にケトンとつけてもよい．具体的には，つぎの例題9.4で学んでほしい．

なお，アセトンという名称は慣用名である．

☞ one rank up !
ケト基
ケトンに含まれるカルボニル基(-CO-)をとくにケト基(keto group)という．

表9.2 代表的なケトンの名称と性質

構造	IUPAC名	慣用名	融点 (℃)	沸点 (℃)	gem-diolとの平衡定数 K (25℃)
$H_3C-\overset{O}{\underset{\|}{C}}-CH_3$	プロパン-2-オン propan-2-one	アセトン acetone	-95	56	1.4×10^{-3}
$CH_3-\overset{O}{\underset{\|}{C}}-CH_2CH_3$	ブタン-2-オン butan-2-one	メチルエチルケトン methyl ethyl ketone	-86	80	

例題9.4 以下の化合物のIUPAC名を英語で答えよ．

(1) $H_3C-\overset{O}{\underset{\|}{C}}-CH_2-\overset{O}{\underset{\|}{C}}-CH_3$ (2) $C_6H_5-\overset{O}{\underset{\|}{C}}-CH_3$

【解答】 (1) pentane-2,4-dione (2) 1-phenylethanone

《解説》 (1) 炭素数5の化合物であり，位置番号を端からつけると2-位と4-位がカルボニル炭素であるため，この名称となる．慣用名はアセチルアセトン(*acetylacetone*)という．

(2) カルボニル炭素が位置番号1となるため，この名称となる．メチルフェニルケトン(methyl phenyl ketone)は慣用的な名称であるが，IUPACも認めている．アセトフェノン(acetophenone)という慣用名もある．

ケトンの合成と性質

ケトンは一般に第二級アルコールの酸化によって合成される．たとえば，アセトンはプロパン-2-オール(propan-2-ol)の酸化によって合成できる．

しかし，アセトンは工業的にはクメン法によって合成される．

$$H_3C-CH(OH)-CH_3 \xrightarrow[\Delta]{ZnO} H_3C-CO-CH_3 + H_2 \quad (9.12)$$

プロパン-2-オール（イソプロピルアルコール） → アセトン

クメン法はイソプロピルベンゼン(クメン)と空気から希硫酸触媒でアセトンとフェノールをつくる方法であり，工業的に非常に有用な方法であるが，機構は複雑である．

$$PhCH(CH_3)_2 \xrightarrow{O_2} PhC(CH_3)_2\text{-OOH} \xrightarrow{aq. H_2SO_4} PhOH + CH_3COCH_3$$

クメンヒドロパーオキシド

(9.13)

[ラジカル連鎖反応の図：(B)による水素引き抜き → (A) → O_2付加 → (B) ＋ クメン → クメンヒドロパーオキシド ＋ (A)，連鎖反応が引き続き進む]

[酸触媒による転位機構の図：クメンヒドロパーオキシドに H^+ 付加 → 転位反応 $-H_2O$ → カチオン中間体 (C) → H_2O 付加 → H^+ 移動 → $-H^+$ → $H_3C-CO-CH_3$ ＋ HO-Ph]

式(9.13)を見ながら，この反応の機構を理解していこう．イソプロピルベンゼンを空気中で100℃前後で加熱すると，水素がラジカル機構で引きぬかれたのちに酸素と反応して，**クメンヒドロパーオキシド**(*cumene hydroperoxide*)が生成する．これを希硫酸で処理すると，H^+ 付加後に水分子が脱離する．このままでは酸素カチオン種〔$PhC(CH_3)_2O^+$〕が生じてしまうが，酸素カチオンは非常に不安定(電気陰性度の高い原子に正電荷が生じているため)なので，水の脱離と同時にベンゼン環が σ 結合電子対ごと酸素上に移動して，より安定な炭素カチオン種(C)を生ずる．このように置換基が移動して分子の基本的な骨格が変わるような反応を**転位反応**と

☞ one rank up !

有機反応の様式による分類
有機反応を反応の様式によって分類すると，付加，脱離，置換，転位の4種となる．

いう．(C)は酸素原子の共鳴効果により安定化されており，(C)が水と反応してアセトンとフェノールが生成する．

アセトンは無色の液体であり，水やエタノール，ジエチルエーテル，ヘキサンと任意の割合で混ざり合う．このように，さまざまな性質の化合物との親和性が高いため，溶剤として有用である．

例題9.5 クメン法のなかで生じるクミルラジカル〔式9.13の(A)〕はベンゼン環と共鳴していて比較的安定である．この共鳴構造式を示せ．

【解答】

$$H_3C-\overset{\cdot}{C}-CH_3 \text{(Ph)} \leftrightarrow H_3C-C(CH_3)=\text{(cyclohexadienyl radical)} \leftrightarrow \cdots \leftrightarrow \cdots$$

《解説》 ベンゼン環に隣接する炭素上（ベンジル位という）のアニオン，カチオン，ラジカルはすべてベンゼン環との共鳴により安定化を受ける．共鳴構造式のなかに，ベンゼン環中にラジカルが書かれた構造があるが，ベンゼン環は大きな共鳴安定化エネルギーのため反応しにくく，反応はベンジル位で起こる．

ケトンの求核付加反応

ケトンの求核付加反応では，水和反応，還元反応，フェノールとの反応の三つを取りあげる[*3]．これらを順に見ていこう．

(1) 水和反応 ケトンは水和によって gem-ジオールを生じるが，平衡は gem-ジオール側に非常に不利である（表9.2）．

カルボニル化合物は C=O 基の分極が大きいほど，水和して，より分極の少ない gem-ジオールをつくりやすい（二つのヒドロキシ基よりも一つのカルボニル基の方が分極が大きいのは，π結合の電子対がσ結合の電子対よりも分極しやすいためである）傾向にあるので，電子供与基であるメチル基などがつくと，C=O 基の分極が打ち消されて水和が起こりにくくなる．このため，ケトンの水和反応はそれほど重要ではない．

*3 アルデヒドとは違い，付加縮合は起こさない．

$$H_3C-\overset{O^{\delta-}}{\underset{\delta+}{C}}-CH_3 + H_2O \rightleftarrows H_3C-\underset{OH}{\overset{OH}{C}}-CH_3 \qquad (9.14)$$

99.9%　　　　　　　　　　　0.1%

ケトンはアルデヒドとは異なり，酸化されない．クロム酸による酸化反応が進むためには，ヒドロキシ基がついた炭素に水素がついている必要が

ある．ケトンも水中では *gem*-ジオールとの平衡にあるが，OH 基がついた炭素に水素がないため，これ以上は酸化されない．

$$R-\underset{}{C}=O + H_2O \rightleftarrows R-\underset{OH}{\overset{R}{C}}-OH$$

(2) 還元反応 ケトンはアルデヒドと同様に，ホウ水素化ナトリウムや水素化アルミニウムリチウムによって還元されて第二級アルコールとなる．

$$RCOR' \xrightarrow[2)\ H_3O^+]{1)\ LiAlH_4} R\underset{OH}{C}HR' \tag{9.15}$$

(3) フェノールとの反応 ホルムアルデヒドと同様な付加反応とそれに引き続く縮合反応により，アセトンは 2 分子のフェノールと反応して，フェノール基を二つもつ化合物を生じる．この化合物は **ビスフェノール A** (*bisphenol A*) という慣用名をもつ有用な工業原料である．アセトンとの縮合ではフェノールの *o*-位は立体効果のため反応しにくく，また高分子化合物は生じない．

$$2\ \text{C}_6\text{H}_5\text{—OH} + (CH_3)_2CO \xrightarrow[-H_2O]{H^+ 触媒} HO\text{—C}_6\text{H}_4\text{—}\underset{CH_3}{\overset{CH_3}{C}}\text{—C}_6\text{H}_4\text{—OH}$$

ビスフェノール A (9.16)

例題 9.6 以下の化合物を $NaBH_4$ を用いて還元したときに生成する化合物の構造を式で示せ．ただし，$NaBH_4$ は反応に十分な量を用いるものとする．

(1) $H\overset{O}{\overset{\|}{C}}CH_2CH_2\overset{O}{\overset{\|}{C}}CH_3$　　(2) $CH_2=CH-CH_2\overset{O}{\overset{\|}{C}}CH_3$

【解答】 (1) $H\overset{O}{\overset{\|}{C}}CH_2CH_2\overset{O}{\overset{\|}{C}}CH_3 \xrightarrow[2)\ H_3O^+]{1)\ NaBH_4} HOCH_2CH_2CH_2\underset{OH}{C}HCH_3$

(2) $CH_2=CH-CH_2\overset{O}{\overset{\|}{C}}CH_3 \xrightarrow[2)\ H_3O^+]{1)\ NaBH_4} CH_2=CH-CH_2\underset{OH}{C}HCH_3$

《**解説**》 アルケンは Ni などの金属触媒の存在下で水素によって還元されて (**接触還元** という) アルカンを生じるが，アルケンの炭素は分極していないので，$NaBH_4$ はアルケンの還元には不適当である．一方，分極のあるカルボニル化合物の接触還元は反応速度が遅く，還元には $NaBH_4$ や $LiAlH_4$ がより有効である．

章末問題

1 以下の化合物の IUPAC 名を英語で答えよ．

(1) H-CCH₂CH₂CHCHCH₃ (with O, Cl, CH₃)

(2) HO–C₆H₄–CHO

(3) 構造式（メチル基付きのジケトン）

(4) シクロヘキサノン

2 以下の化合物をそれぞれ式に示した還元剤を使用して還元した場合の生成物の構造を式で示せ．ただし，反応は室温，大気圧下で行い，還元剤は十分な量を用いるものとする．

(1) シクロヘキセノン $\xrightarrow{\text{1) NaBH}_4 \quad \text{2) H}_3\text{O}^+}$

(2) メチレンシクロヘキサン $\xrightarrow{\text{H}_2/\text{Pd}}$

(3) HC≡C–C₆H₅ $\xrightarrow{\text{H}_2/\text{Pd}}$

3 水素化リチウムアルミニウムは非常に強い塩基でもあるため，アルコールと非常に容易に次式のように反応する．

$$4\,CH_3OH + LiAlH_4 \longrightarrow (CH_3O)_4Al^-Li^+ + 4H_2$$

このことに留意したうえで，つぎの化合物 1 モルを完全に還元するのに必要な水素化リチウムアルミニウムのモル数を計算せよ．

(1) $CH_3CCH_2CH_2CH$ (ジアルデヒド/ケトアルデヒド)

(2) $CH_3CCH_2CH_2CCH_2OH$

(3) OHC–C₆H₄–C(CH₃)₂–OH

4 4-メチルフェノールとホルムアルデヒドとの付加縮合を行ったところ，大環状の生成物（分子全体が大きな環をつくっている化合物）が得られ，その分子量は 720 であった．この生成物の構造を式で示せ．ただし，C，H，O の原子量はそれぞれ 12，1，16 とする．

5 以下の化合物を水和反応が起こりやすい順に並べよ．

$CH_3-\underset{\underset{O}{\|}}{C}-CH_3$ $CH_3-\underset{\underset{O}{\|}}{C}-CF_3$ $CF_3-\underset{\underset{O}{\|}}{C}-CF_3$

6 式 (9.13) 中のクメンヒドロパーオキシドの O–O 単結合は，つぎに示すように分極している．このように分極する理由を説明せよ．

$H_3C-\underset{\underset{C_6H_5}{|}}{\overset{\overset{CH_3}{|}}{C}}-\overset{\delta-}{O}-\overset{\delta+}{O}H$

10章 カルボン酸とその誘導体

カルボキシ基(-COOH)をもつ化合物を**カルボン酸**と呼ぶ．カルボキシ基を一つもつカルボン酸はモノカルボン酸，二つもつものはジカルボン酸と呼ばれる．

カルボン酸は脂肪のなかに含まれているので，日常生活でなじみの深い化合物が多い．たとえば，石けんはカルボン酸の塩であるし，食酢(お酢)の主成分である酢酸，漬け物やヨーグルトの酸味の成分である乳酸，健康食品として人気の高い DHA (*all-cis*-docosa-4, 7, 10, 13, 16, 19-hexaenoic acid, docosa は炭素数22を表す語幹)はモノカルボン酸，貝類に含まれる旨味成分のコハク酸はジカルボン酸である．

お酢もヨーグルトもカルボン酸

10.1 カルボン酸の命名法と性質

カルボン酸の命名法

カルボン酸の IUPAC 名は，炭素数が同じアルカン(alkane)の語尾の-eを -oic acid に変えて命名する．カルボキシ基が二つある**ジカルボン酸**の場合は，アルカンの名称の後に -dioic acid をつける．芳香族カルボン酸の場合は，芳香環の名称の後に -carboxylic acid をつけて命名する．具体的には，表10.1と例題10.1で確認してほしい．

直鎖の脂肪族炭化水素基の末端にカルボキシ基がついたカルボン酸は，脂肪を構成する成分として天然に広く存在していて，**脂肪酸**と呼ばれる．多くの脂肪酸は炭素数が同じ有機化合物のなかで最初に単離された化合物であったため，慣用名が有名であり，またそのカルボン酸から合成された化合物の慣用名の語源ともなっている．

> **one rank up !**
>
> **カルボン酸の慣用名**
>
> ギ酸(蟻酸，formic acid)はアリ(蟻)に噛まれたときに痛みを引き起こす成分であり，アリのラテン語(formica)から命名された．酢酸(acetic acid)は食酢のなかに 3〜5 %ほど含まれていて，食酢のラテン語(acetum)から命名された．プロピオン酸(propionic acid)は脂肪酸としての性質が現れはじめる，炭素数のもっとも少ないカルボン酸であるとしてラテン語より命名された(proto：最初の + pion：脂肪)．また，酪酸(butyric acid)はバターのなかから見つけられたので，バターのラテン語(butyrum)から命名された(ちなみに，バターの日本語は牛酪)．
>
> アルデヒド基の接頭語である「formyl-」，アセトン(acetone)，炭素数3，4のアルカンの名称である propane, butane は，それぞれこれらの酸の慣用名から命名されたものである．

例題10.1 以下の化合物の IUPAC 名を，英語で答えよ．

(1) CH₃CH(CH₃)-COOH (2) CH₃CH(OH)CH₂-COOH
(3) HOOC-CH₂-CH₂-COOH (4) H₃CO-C₆H₄-COOH

【解答】 (1) 2-methylpropanoic acid　(2) 3-hydroxybutanoic acid
(3) butanedioic acid　(4) 4-methoxybenzenecarboxylic acid

《解説》(1) この化合物には isobutyric acid（イソ酪酸）という慣用名がある．iso-は，CH₃CH(CH₃)-のように端の一つ手前にメチル基がついている場合につけられる．

(2) ヒドロキシ基を接頭語で表す場合は hydroxy- をつける．

(3) カルボキシ基は炭素鎖の端に位置するのが明らかなので，1,4-と位置番号をつける必要はない．succinic acid（コハク酸）の慣用名がある．

(4) エーテル基を接頭語で表す場合，一般に alkoxy- となる．この場合にはアルキル基がメチル基であるので，methoxy- とする．

表 10.1 代表的なカルボン酸の名称と性質

構造	IUPAC 名	慣用名	融点 (℃)	沸点 (℃)	水への溶解度 (g/100 g 水)	pK_a (25 ℃)
H-COOH	メタン酸 methanoic acid	ギ酸 formic acid	8	101	∞	3.75
CH₃-COOH	エタン酸 ethanoic acid	酢酸 acetic acid	17	118	∞	4.75
CH₃CH₂-COOH	プロパン酸 propanoic acid	プロピオン酸 propionic acid	−21	141	∞	4.87
CH₃CH₂CH₂-COOH	ブタン酸 butanoic acid	酪酸 butyric acid	−4	164	∞	4.82
CH₃(CH₂)₄-COOH	ヘキサン酸 hexanoic acid	カプロン酸 caproic acid	−2	205	1.0	4.88
C₆H₅-COOH	ベンゼンカルボン酸 benzenecarboxylic acid	安息香酸 benzoic acid	123	249	0.21	4.19

カルボン酸の性質

カルボキシ基の炭素は，sp² 混成をしていて平面的である．極性が高く，ヒドロキシ基があるので，水やアルコールと水素結合をつくることができる．このため炭素数 3 までのカルボン酸は水に自由に溶ける．

また，分子量がほぼ同じアルコールよりも沸点や融点が高い傾向がある．

これは，液体状態では(非極性溶媒中でも)二つのカルボン酸分子の間で水素結合をつくり，二量体として存在しているためである(図10.1)．

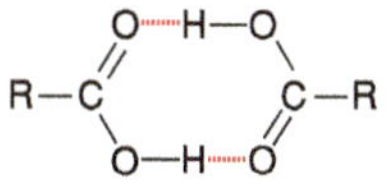

図10.1 カルボン酸の水素結合による二量体の形成

カルボン酸の酸としての強さ

カルボン酸はその名前が示すように酸性を示す．これはカルボン酸アニオン(カルボキシラートアニオン)が共鳴によって安定化されているためである(式10.1)．ただし，酸性は弱く，たとえば酢酸の pK_a は4.75である．

$$R\text{-COOH} + H_2O \rightleftharpoons R\text{-COO}^- + H_3O^+ \qquad (10.1)$$

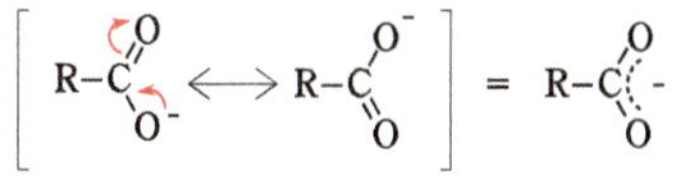

カルボン酸にアルカリ水溶液を加えると中和反応が起こる(式10.2)．水には溶けにくい炭素数の多いカルボン酸でも，塩基性の水溶液にはよく溶けるのは，この中和反応によるカルボン酸塩の生成のためである．カルボン酸は炭酸よりも強い酸であるため，塩基が炭酸ナトリウムや炭酸水素ナトリウムの場合でも中和が起こり，二酸化炭素が遊離する(式10.3)．

$$R\text{-COOH} + NaOH \longrightarrow RCOONa + H_2O \qquad (10.2)$$

$$R\text{-COOH} + NaHCO_3 \longrightarrow RCOONa + H_2O + CO_2 \qquad (10.3)$$

カルボン酸のアルカリ塩は弱酸と強塩基の塩であるため，その水溶液は塩基性を示す．したがって，カルボン酸塩に強酸を反応させると，弱酸であるカルボン酸が生じる(式10.4)．

$$R\text{-COONa} + HCl \longrightarrow RCOOH + NaCl \qquad (10.4)$$

それぞれのカルボン酸の性質

ここでは，具体的なカルボン酸について，それぞれの性質を見ていくことにしよう．

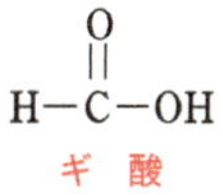

ギ酸は刺激臭をもつ無色の液体で，水とどのような割合でも自由に混ざりあう．ギ酸は工業的には，一酸化炭素と水酸化ナトリウムとの反応によってできるギ酸ナトリウムを希硫酸と反応させてつくられる．ギ酸は分子のなかにアルデヒド基をもつため還元性を示す．

ギ酸 formic acid

$$CO + NaOH \longrightarrow Na^+\ ^-\!\!\underset{\parallel}{C}\text{-OH} \xrightarrow{H^+\text{移動}} H\text{-}\underset{\parallel}{C}\text{-O}^-\ Na^+ \xrightarrow{H_2SO_4} H\text{-}\underset{\parallel}{C}\text{-OH} \qquad (10.5)$$

*1 硫酸はギ酸よりもはるかに強い酸であるために、ギ酸をプロトン化する。さらに、濃硫酸には脱水作用があるため、水が奪われて一酸化炭素が生成する。

ギ酸は濃硫酸とともに加熱すると一酸化炭素と水に分解される*1.

$$H-\overset{O}{\underset{}{C}}-OH \xrightarrow{H^+} H-\overset{O}{\underset{H}{C}}-\overset{+}{O}H \xrightarrow{-H^+} CO + H_2O \quad (10.6)$$

酢酸
acetic acid

酢酸も刺激臭をもつ無色の液体で、水と自由に混ざりあう。融点が16.6 ℃と高く、純粋な酢酸は冬には凝固するので氷酢酸とも呼ばれる。酢酸は工業的にはエテンの酸化によってできるアセトアルデヒド(式5.15)をさらに酸化してつくられる。

$$H_3C-\overset{O}{\underset{}{C}}-H + \frac{1}{2}O_2 \xrightarrow{\text{Mn系、あるいは Co系触媒}} H_3C-\overset{O}{\underset{}{C}}-OH \quad (10.7)$$

最近ではロジウム系触媒を用いて、メタノールと一酸化炭素から合成する方法がさかんになっている。

$$CH_3OH + CO \xrightarrow[\Delta]{\text{Rh系触媒}} CH_3COOH \quad (10.8)$$

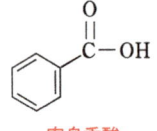

安息香酸
benzoic acid

安息香酸は香料として用いられる樹脂の一種である安息香(benzoin)のなかに多く含まれることからこの名がついた。水に溶けにくい無色の結晶で、昇華性がある。安息香酸はトルエンの酸化によって合成される(式6.14).

フタル酸(phthalic acid)および**テレフタル酸**(terephthalic acid)はそれぞれ、o-キシレンおよびp-キシレンの酸化によって合成される(式10.9, 図10.2). テレフタル酸はプラスチックの原料として重要である。

$$H_3C-\underset{}{\bigcirc}-CH_3 \xrightarrow[\text{Co-系触媒}]{O_2} HOOC-\underset{}{\bigcirc}-COOH \quad (10.9)$$

p-キシレン

マレイン酸(maleic acid)と**フマル酸**(fumaric acid)は不飽和ジカルボン酸であり、たがいにシス・トランス異性体の関係にある(図10.2).

テレフタル酸　　　　フタル酸　　　　フマル酸　　　　マレイン酸
ベンゼン-1,4-ジカルボン酸　ベンゼン-1,2-ジカルボン酸　$trans$-ブテン二酸　cis-ブテン二酸

図10.2　さまざまなジカルボン酸

重なりそうで重ならない光学異性体

乳酸のように，ヒドロキシ基をもつカルボン酸を**ヒドロキシ酸**という．乳酸は炭素原子に水素，メチル基，ヒドロキシ基，カルボキシ基というすべて異なった置換基がついた構造をしている．このように，炭素原子に結合する4個の置換基がすべて異なるとき，この炭素を**不斉炭素**と呼ぶ．

不斉炭素をもつ分子は，その置換基のつき方によって二つの異性体がある．図10.3に示した二つの異性体は，いくら回転させても重ねあわすことはできず，お互いに鏡に映った**鏡像**の関係にあることがわかるだろう．このような構造をもつ異性体は**光学異性体**と呼ばれる．光学異性体は融点，

乳 酸
lactic acid

コラム　日本の研究者が開発した不斉合成

乳酸菌は，グルコースからできる**ピルビン酸**（*pyruvic acid*）を還元して乳酸をつくる．このとき，"酵素"を触媒に使うことにより，選択的にL-乳酸のみをつくる．

ピルビン酸
2-オキソプロパン酸

このような光学異性体の片方だけをつくる反応は，生体のなかではありふれた反応である．しかし，この還元反応を化学的に，たとえば還元剤としてホウ水素化ナトリウムを使って行おうとしても，光学異性体の片方だけをつくることはできず，L-乳酸とD-乳酸の等量混合物が得られる．

このように，化学合成で光学異性体の片方だけを選択的に合成するのは難しいとされていたが，野依良治博士らは光学活性な金属触媒を使うことにより，ケトンの水素による還元で，光学異性体の片方だけ

を選択的につくりわける（**不斉合成**という）ことに成功した．

この研究成果は産業界に幅広く応用された．最初の工業的な成功例は，ハッカ（ペパーミント）に含まれ，おもに清涼感をだす香りの成分である**L-メントール**（*L-menthol*）である．高砂香料工業により工業化されて，同社の製品は合成メントールの世界シェアの半分近くを占めている．

L-メントール

さらに医薬品分野でも，野依博士らの研究成果を基に，ビタミンE，ビタミンK，制がん剤プロスタグランジンなどの合成に成功している．

野依博士らはこの業績により2001年にノーベル化学賞を受賞した．

99%

沸点，比重，屈折率などの物理的性質や化学的性質は同じであるが，偏光に対しての性質が逆になる．

乳酸の二つの異性体のうち，図の左側の異性体をL-乳酸（L-lactic acid），右側の異性体をD-乳酸（D-lactic acid）と呼ぶ．L-乳酸はグルコースの乳酸菌による発酵によってつくられ，ヨーグルトや乳酸菌飲料の酸味のもとである．また，L-乳酸は動物が筋肉を動かしたときに，筋肉中に蓄積してくる物質でもある．

> **one rank up！**
> **偏 光**
> 電場（および磁場）が特定の方向にしか振動していない光を偏光という．特定の直線偏光のみを通す「偏光フィルター」は液晶ディスプレイの表面と裏面に貼られており，また3D立体映像用のメガネにも使われている．

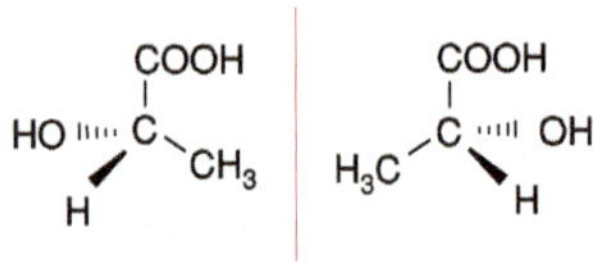

図10.3 乳酸の光学異性体
━は紙面から手前に突きだした結合を，
┉┉は紙面から後ろ側に向いた結合を，
―は紙面上にある結合を表す．

例題10.2 つぎの化合物中に含まれる不斉炭素に＊をつけよ．ただし，不斉炭素が含まれない化合物もある．

(1) 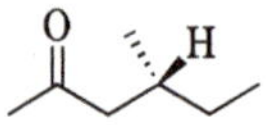 (2)  (3) 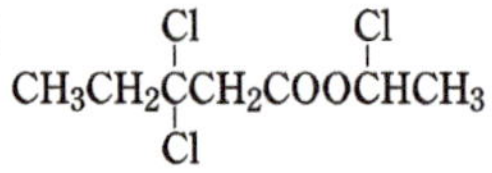 $CH_3CH_2CCH_2COOCHCH_3$ (with Cl substituents)

(4)

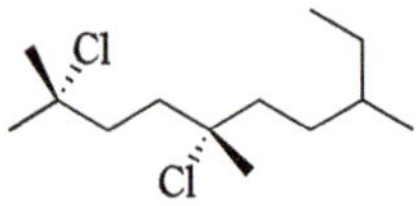

【解答】 (1) 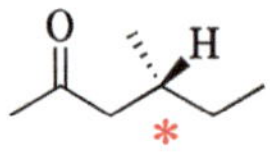 (2)  (3) 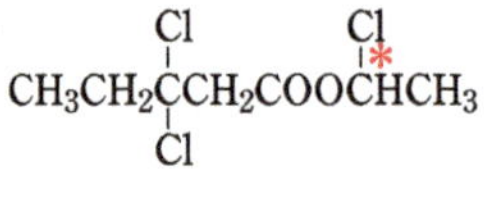 (4)

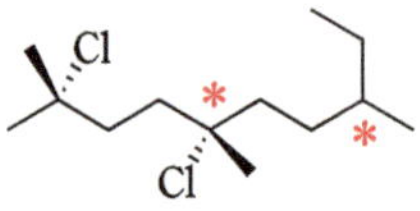

《解説》 四つの置換基がすべて異なる炭素原子を，構造式の記述法に惑わされることなく見つけられただろうか．(2)には不斉炭素はない．

10.2 カルボン酸の反応

カルボキシ基の反応性

カルボン酸は，簡単な反応によってエステルやアミドに変換できる．こ

れらのカルボン酸やその誘導体は，カルボニル基にさらにヘテロ原子が置換した構造をしている．カルボニル基についたヘテロ原子はカルボニル基（$^{\delta+}C=O^{\delta-}$）の分極に変化を与え，また求電子剤がカルボニル基を攻撃した場合，ヘテロ原子は脱離基として働く．このため，アルデヒドやケトンがおもに求核付加反応を受けるのに対して，カルボン酸やその誘導体はおもに求核置換反応を受ける（図10.4）．

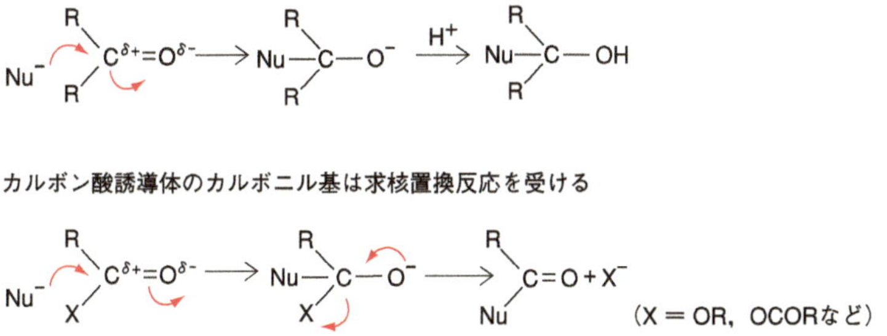

図 10.4　アルデヒド・ケトンとカルボン酸誘導体の反応性の違い

二つの酸から水がとれた酸無水物

マレイン酸を約160 ℃に加熱すると，水分子がとれて，無水マレイン酸（maleic anhydride）が生成する（式10.10）．フタル酸も同様に，加熱すると無水フタル酸（phthalic anhydride）を生じる（式10.11）．

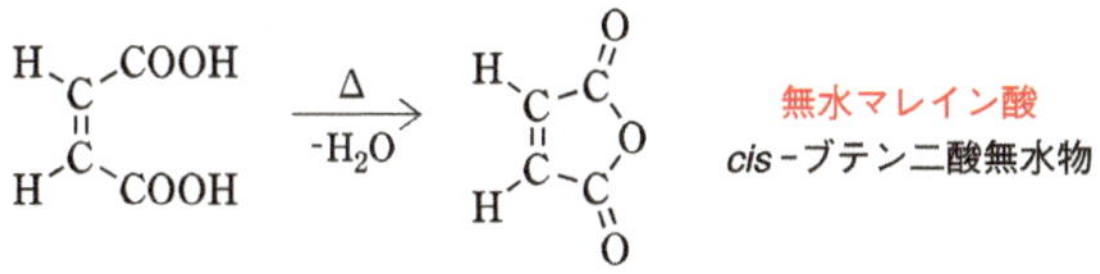

$$\text{(10.10)}$$

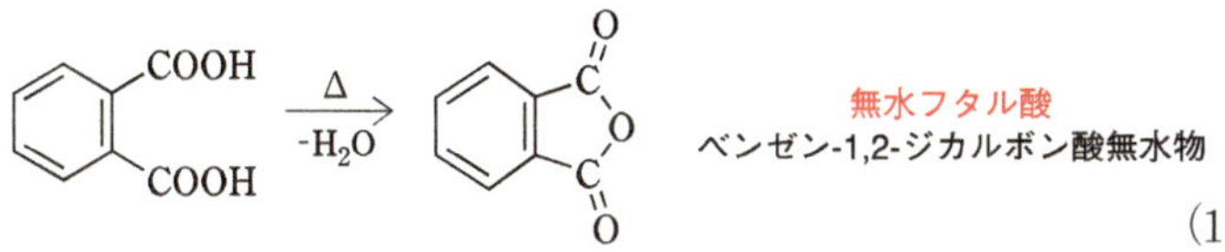

無水マレイン酸
cis-ブテン二酸無水物

$$\text{(10.11)}$$

無水フタル酸
ベンゼン-1,2-ジカルボン酸無水物

このような，二つのカルボキシ基から水分子がとれて結合したかたちの化合物を酸無水物と呼ぶ．英語では，酸無水物は対応するカルボン酸の名称の acid を anhydride に変えて命名する．日本語では対応するカルボン酸の名称の後に無水物とつける（例：クロロ酢酸無水物）．ただし，酢酸，マレイン酸，フタル酸などの場合には，慣用名として名称の前に無水とつけて呼ぶことが許されている．

また，酸無水物は反応性が高く，水と容易に反応してカルボン酸に戻る（式10.12）．この反応では，水と反応することにより，一つの分子が二つの分子になっている．このような反応を加水分解と呼ぶ．

$$\text{CH}_3-\overset{O}{\underset{\delta-}{C}}-\overset{\delta+}{O}-\overset{O^{\delta-}}{\underset{}{C}}-\text{CH}_3 + \text{H}_2\text{O} \longrightarrow \text{CH}_3-\overset{O}{\underset{}{C}}-\overset{O^-}{\underset{H\overset{+}{O}H}{C}}-\text{CH}_3 \longrightarrow 2\,\text{CH}_3\text{COOH} \tag{10.12}$$

無水酢酸

カルボン酸のエステル化

カルボン酸とアルコールを酸触媒とともに加熱すると，水分子がとれて-COO-結合をもつ化合物が生成する．この化合物を**エステル**(ester)という．エステルをつくる反応を**エステル化**と呼び，縮合反応の一種である．

$$\text{R-COOH} + \text{R'OH} \underset{\Delta}{\overset{\text{H}^+}{\rightleftharpoons}} \text{RCOOR'} + \text{H}_2\text{O} \tag{10.13}$$

たとえば，酢酸とエタノールに少量の濃硫酸を加えて加熱した場合のエステル化反応の機構は式(10.14)の通りである．

$$\tag{10.14}$$

酸触媒により，カルボン酸のカルボニル基がプロトン化を受けると，生成した中間体は式(10.15)のような共鳴のため，カルボニル炭素の求電子性が向上する．これにアルコールの酸素原子が求核攻撃を起こした後，水が脱離してエステルが生成する．

$$\tag{10.15}$$

10.3 エステルの性質と合成法

エステルの名前のつけ方

エステルの名称は英語ではアルコールに由来する置換基の後に，カルボン酸名の語尾の-ic acid を-ate に変えてつける．日本語では，カルボン酸の名前の後にアルコール中の置換基名をつける．たとえば，酢酸とエタノールからのエステルは酢酸エチルと呼ばれる．

表 10.2 代表的なエステルの名称と性質

構造	IUPAC 名	慣用名	融点 (℃)	沸点 (℃)	水への溶解度 (g/100 g 水)
$H_3C-\overset{O}{\underset{\|\|}{C}}-O-CH_2CH_3$	エタン酸エチル ethyl ethanoate	酢酸エチル ethyl acetate	−84	77	8.8
$H_3C-\overset{O}{\underset{\|\|}{C}}-O-CH=CH_2$	エタン酸エテニル ethenyl ethanoate	酢酸ビニル vinyl acetate	−93	73	2.0
$CH_3CH_2-O-\overset{O}{\underset{\|\|}{C}}-CH_2-\overset{O}{\underset{\|\|}{C}}-O-CH_2CH_3$	プロパン二酸ジエチル diethyl propanedioate	マロン酸ジエチル diethyl malonate	−49	199	2.8
ベンゼン環-$\overset{O}{\underset{\|\|}{C}}-O-CH_3$	ベンゼンカルボン酸メチル methyl benzenecarboxylate	安息香酸メチル methyl benzoate	−12	200	0.2

例題10.3 以下の化合物の IUPAC 名を英語で答えよ．

(1) $H-\overset{O}{\underset{\|\|}{C}}-O-CH_3$ (2) $H_3C-O-\overset{O}{\underset{\|\|}{C}}-CH_2-\overset{O}{\underset{\|\|}{C}}-O-CH_2CH_3$

(3) $H_3C-\overset{O}{\underset{\|\|}{C}}-O-$ベンゼン環$-\overset{O}{\underset{\|\|}{C}}-O-CH_3$

【解答】 (1) methyl methanoate　(2) ethyl methyl propanedioate
(3) methyl 4-acetoxybenzoate あるいは
methyl 4-acetoxybenzenecarboxylate

《解説》 (2) アルキル基が異なるときはアルファベット順に並べる．
(3) カルボニル炭素がついている位置が 1 の番号となる．

さまざまなエステルの合成

　カルボン酸は，アルコールだけではなくフェノールとも縮合反応してエステルをつくることができる．しかし，平衡はエステル生成には不利なため，この反応は進みにくい．こういう場合には，酸無水物を利用する．たとえば，フェノールに酢酸からの酸無水物である酢酸無水物を反応させることによって，酢酸フェニル (phenyl acetate) を合成する．

$$H_3C-\overset{O}{\underset{\|\|}{C}}\overset{\delta-}{\underset{O}{}}\overset{\delta+}{\underset{\|\|}{C}}\overset{O^{\delta-}}{\underset{}{}}-CH_3 + PhOH \longrightarrow H_3C-\overset{O}{\underset{\|\|}{C}}-\overset{O^-}{\underset{O}{}}\overset{}{\underset{\|\|}{C}}-CH_3 \longrightarrow H_3C-\overset{O}{\underset{\|\|}{C}}-OH + PhO-\overset{O}{\underset{\|\|}{C}}-CH_3$$
$$\underset{H-\overset{+}{O}Ph}{}$$

エタン酸フェニル
酢酸フェニル

(10.16)

　このように，酸無水物は反応性が高く，アルコールやフェノールと反応

させると，容易にエステルを生成する．

$$R-\overset{O}{\underset{}{C}}-O-\overset{O}{\underset{}{C}}-R + R'OH \longrightarrow R-\overset{O}{\underset{}{C}}-OR' + R-\overset{O}{\underset{}{C}}-OH \quad (10.17)$$

酸無水物とフェノール類との反応を，もう一つ紹介しよう．**サリチル酸**（*salicylic acid*）に無水酢酸を作用させると，ヒドロキシ基が酢酸と反応して**アセチルサリチル酸**（*acetylsalicylic acid*）が生成する．このように，CH_3CO 基が導入される反応を**アセチル化**という．

> **one rank up !**
> **アセチルサリチル酸**
> アセチルサリチル酸は無色の結晶で，解熱作用，鎮痛作用があり，アスピリンの商標（バイエル社）で市販されている薬である．

(構造式: サリチル酸 + (CH$_3$CO)$_2$O → アセチルサリチル酸 + CH$_3$COOH)

2-ヒドロキシベンゼンカルボン酸　　　　2-アセトキシベンゼンカルボン酸
サリチル酸　　　　　　　　　　　　　　アセチルサリチル酸

(10.18)

例題10.4　マレイン酸無水物をエタノールと反応させた場合に起こる反応を式で示せ．

【解答】

(反応機構の図)

《解説》式(10.16)を参考にすればよい．生成物の名称は，ethyl hydrogen *cis*-butenedioate である．

例題10.5　サリチル酸をメタノールと酸触媒とともに加熱した場合の反応を式で示せ．

【解答】

(構造式: サリチル酸 + CH$_3$OH $\xrightarrow{H^+}$ サリチル酸メチル + H$_2$O)

2-ヒドロキシベンゼンカルボン酸メチル
サリチル酸メチル

> **one rank up !**
> **サリチル酸メチル**
> サリチル酸メチルは強い芳香をもつ無色の液体で，サロメチール（佐藤製薬），サロンパス（久光製薬）の商標で市販されている外用鎮痛剤（湿布薬）の主成分である．

《解説》式(10.13)の通りであり，サリチル酸メチル（*methyl salicylate*）ができる．サリチル酸のヒドロキシ基とカルボン酸とのエステル生成の平衡は生成系が不利であり，縮合には関与しない．

つぎつぎつながる重縮合

ジカルボン酸とジオールを酸触媒とともに反応させると、縮合反応がつぎつぎと起こり、エステル結合をたくさん含む高分子が得られる（式10.19）．このような、縮合反応により高分子ができる重合反応を**重縮合**、あるいは**縮合重合**と呼ぶ．また、一般にエステル結合の形成によって重縮合した高分子を**ポリエステル**と呼ぶ．

$$\text{HOOC-}\underset{\text{テレフタル酸}}{\bigcirc}\text{-COOH} + \underset{\substack{\text{1,2-エタンジオール}\\\text{エチレングリコール}}}{\text{HOCH}_2\text{CH}_2\text{OH}} \xrightarrow{H^+} \underset{\substack{\text{ポリエチレンテレフタレート}\\\text{PET}}}{\left[\text{OC-}\bigcirc\text{-CO-CH}_2\text{CH}_2\text{O}\right]_p} \quad (10.19)$$

テレフタル酸（terephthalic acid）と**1,2-エタンジオール**（1, 2-ethanediol）

コラム　土に埋めると分解されるプラスチック

プラスチックは現在のわれわれの生活には欠かせないものとなっている．なかでも、安価なポリエチレン、ポリプロピレン、ポリスチレンは石油を原料とするモノマーから合成され、スーパーのレジ袋、食品などの包装用のトレイ、ラップ、フィルムとして大量に生産され、消費され、廃棄されている．

しかし、近年、プラスチックを焼却するときにダイオキシンが発生するという問題、地球温暖化問題の意識の高まり、石油資源の保護の観点などから、石油ではなく植物を原料とし、使用後は土中や堆肥中で生分解されるプラスチック（**生分解性プラスチック**）が注目を集めている．その代表が**ポリ乳酸**〔poly(lactic acid)〕である．ポリ乳酸は**乳酸**（lactic acid）が重縮合した構造をもっている．

$$\underset{\text{L-乳酸}}{\text{HO}\overset{\text{H}_3\text{C}\;\;\text{H}}{\underset{}{\text{C}}}\text{COOH}} \longrightarrow \underset{\text{ポリ-L-乳酸}}{\left[\text{O}\overset{\text{H}_3\text{C}\;\;\text{H}}{\underset{}{\text{C}}}\overset{\text{O}}{\underset{}{\text{C}}}\right]_p}$$

ポリ乳酸製品は、堆肥中で微生物の作用によって生分解される．こうしてできた堆肥が田畑に施肥されることによって、植物の生育を助ける．このように、生分解性プラスチックを使用することによって、プラスチックを自然環境に組み込んだ循環系を構築することができ、石油製品を使用した場合のような資源の枯渇に悩まされることのない、持続可能な循環型社会が構築できるものと期待されている．

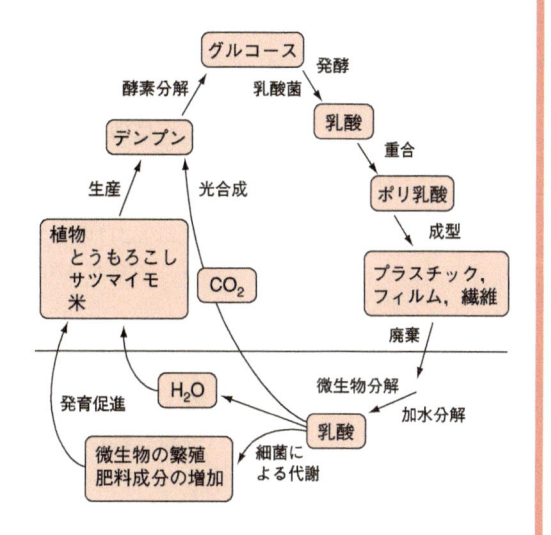

また、L-乳酸は運動時に筋肉中に生成してくる物質なので、ポリ乳酸は生体内で使用しても無害な物質である．このため、ポリ乳酸の誘導体は抜糸不要な外科用縫合糸や体内埋め込み用基材（たとえば、ネジやピンなど）に使用されている．

から得られるポリエステルはポリエチレンテレフタレート〔またはポリエチレンテレフタラート，poly(ethylene terephthalate)〕の固有名があり[*2]，繊維，フィルム，飲料用ボトルとして広く使用されている．

*2 繊維として使用する場合には一般名のポリエステルを固有名がわりに使い，フィルムやボトルとして使用する場合には固有名の省略形であるPETを使う．

加水分解でカルボン酸に戻す

カルボン酸とアルコールの縮合反応は平衡反応であり，平衡定数は1に近い．このため，縮合反応を進めるためには，式(10.13)で生成する水を反応系の外に取り去る必要がある．また，水が大量にある条件でエステルを酸触媒と加熱すると，逆反応が起こり，エステルと水からカルボン酸とアルコールが生成する．これがエステルの**加水分解**反応である．

$$\text{RCOOR}' + \text{H}_2\text{O} \xrightarrow{\text{H}^+} \text{R-COOH} + \text{R'OH} \tag{10.20}$$

エステルに水酸化ナトリウムのようなアルカリを加えて加熱しても，加水分解は起こる．この場合，カルボン酸アニオンが生成するので反応は平衡反応でなくなり，水酸化ナトリウムは触媒量ではなく，エステルと等モル量必要となる．このような，アルカリを用いたエステルの加水分解反応を**けん化**（鹸化）と呼ぶ．

$$\text{R-C(=O)-O-R}' + \text{NaOH} \longrightarrow \text{R-C(O}^-\text{Na}^+\text{)(OR')(OH)} \longrightarrow \text{R-C(=O)-ONa} + \text{R'OH} \tag{10.21}$$

例題10.6 酢酸エチル1 gを完全に加水分解するのに必要な水酸化カリウムは何 mg か計算せよ．

【解答】 酢酸エチルは分子量88.11であるので，1 gは0.01135 molになる．式(10.21)のように，水酸化カリウムは酢酸エチルと等モル量必要となり，水酸化カリウムの分子量は56.11であるため，求める数値は

$$56.11 \times 0.01135 = 0.6368 \text{ g} = 636.8 \text{ mg}$$

なお，この設問では原子量についてとくに触れられていない．このような場合には，分子量は小数点以下2桁まで求めるのが通例である．

章末問題

1] 以下の化合物のIUPAC名を英語で答えよ．

(1)  HOCCOH (OO 二重結合) (2) 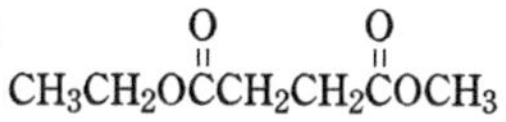 CH₃CH₂OCCH₂CH₂COCH₃ (O, O) (3)

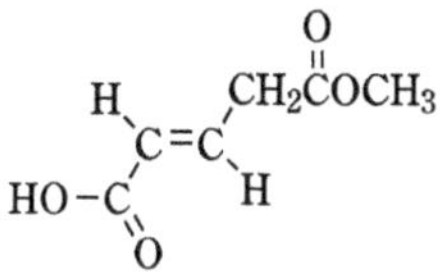

$$\underset{HO-C}{\overset{H}{\underset{O}{\|}}}C=C\underset{H}{\overset{CH_2COCH_3}{\|}}\;(O)$$

(4) 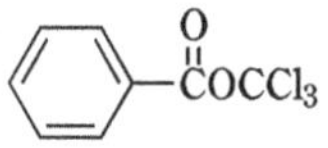 C₆H₅-COCCl₃ (O)   (5) 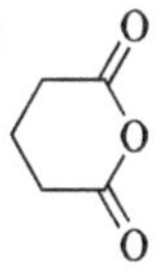 (環状無水物)

2) つぎの化合物中に含まれる不斉炭素に*をつけよ．

(1) 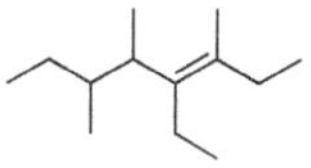 (構造式)   (2) 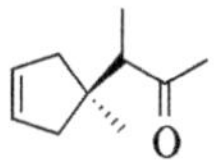 (構造式)   (3) $\underset{CH_3}{\overset{CH_2OH}{HOCH_2CHCHCH_2CH_3}}$

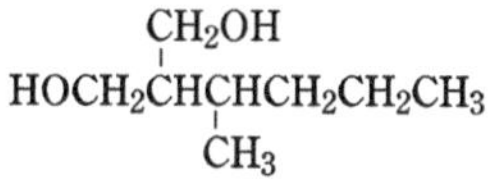

(4)  (構造式)

3) 酢酸エチルを水素化リチウムアルミニウムと反応させたところ，エタノールが生成した．この反応の機構を式(9.8)と式(10.21)を参考に考察して説明せよ．

$$CH_3COOCH_2CH_3 \xrightarrow[2)\;H_3O^+]{1)\;LiAlH_4} 2\;CH_3CH_2OH$$

4) 等モル量の酢酸エチルとメタノールを，濃硫酸を触媒に使用して密閉系中で150℃で加熱した場合に生成する可能性があると思われる化合物をすべてあげよ．

5) 以下の化合物はいずれも不安定なため合成できなかったり，あるいは純粋なかたちで取りだすことが難しい化合物である．なぜ単離が難しいか説明せよ．

(1) $CH_2(OH)_2$ (2) 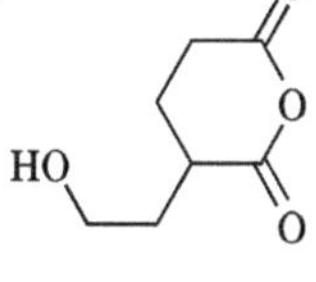 (構造式：HO基をもつ六員環ラクトン)

6) 1モルのプロパン-1,2,3-トリオールを3モルのオクタデカン酸と酸触媒下で加熱し，反応させてできるエステルの構造を式で示せ．また，このエステル1gを完全に加水分解するのに必要な水酸化カリウムは何mgか，計算せよ．

11章 含窒素化合物

窒素 N を成分元素に含む有機化合物を，含窒素化合物という．炭化水素の炭素が窒素によって置き換えられたアミン類は代表的な含窒素有機化合物であり，アルコール類を水の有機誘導体と考えることができるように，アミン類はアンモニアの有機誘導体と考えることができ，塩基性を示す．タンパク質を構成しているアミノ酸もアミンの一種である．

本章ではこれらのアミン類に加え，ニトロ化合物についても，その性質と反応性を学んでいこう．

11.1 ニトロ化合物の性質と反応

ニトロ化合物の命名

ニトロ基-NO_2 をもつ化合物を総称して，ニトロ化合物という．ニトロ化合物はつねに接頭語として，nitro- を位置番号とともに，基となる化合物名の前につけて命名する．表11.1に代表的なニトロ化合物の名称と性質を示す．

ニトロ化合物の性質

ニトロ基は二つの酸素原子を含むため，ニトロ化合物は外部から酸素の供給が少なくても燃焼が可能であり，しばしば爆発性を示す．とくに脂肪族ニトロ化合物は不安定であり，燃焼しやすい．

ニトロベンゼン（表11.1）は特有の匂いのある液体で，水とは混ざりにくく，有機溶媒には混ざりやすい．また，比較的強い毒性をもつ．

ニトロベンゼンはニトロ基が芳香環によって共鳴安定化されているために安定であり，爆発性はない．これに対して，ニトロ基を3個もつ2, 4, 6-トリニトロトルエン（*TNT*）や2, 4, 6-トリニトロフェノールは爆薬として有名である．これらの芳香族ニトロ化合物は，芳香族の求電子置換反応によってつくられる（式6.10）．

> **one rank up !**
> **ラジコンにも使われるニトロメタン**
> ニトロメタンを30％程度までメタノールに添加したものは，ラジコン用の燃料として販売されている．ニトロメタンを多く含むものほど爆発力が強い．

表11.1 代表的なニトロ化合物の名称と性質

構造	IUPAC名	慣用名	融点 (℃)	沸点 (℃)	水への溶解度 (g/100 g H_2O)
CH_3NO_2	ニトロメタン nitromethane	同左	−29	101	約12
Ph-NO_2	ニトロベンゼン nitrobenzene	同左	6	211	約0.2
(2,4,6-トリニトロトルエン構造)	2-メチル-1,3,5-トリニトロベンゼン 2-methyl-1,3,5-trinitrobenzene	2,4,6-トリニトロトルエン 2,4,6-trinitrotoluene (TNT)	80		0.01
(2,4,6-トリニトロフェノール構造)	2,4,6-トリニトロフェノール 2,4,6-trinitrophenol	ピクリン酸 picric acid	123		1.3

ニトロ基は誘起効果においても共鳴効果においても強い電子求引基であり，2,4,6-トリニトロフェノールはフェノキシドイオンがニトロ基によって安定化されるため(8章の章末問題の3を参照)，フェノール類としては異常に強い酸性を示し(pK_a = 0.60)，このためピクリン酸という慣用名をもつ．

ニトロ化合物の反応

ニトロベンゼンはプラチナなどの触媒の存在下で水素により還元されて，容易にアニリンになる．ニトロ基は還元されやすいので，塩酸とスズあるいは塩酸と鉄との反応でも還元される．

$$Ph-NO_2 \xrightarrow[\text{aq. HCl}]{\text{Sn(or Fe)}} Ph-NH_2 \quad \text{アニリン} \tag{11.1}$$

$$\left(Ph-\overset{+}{N}\overset{O}{\underset{O^-}{}} \xrightarrow[2H^+]{2e^-} Ph-\overset{+}{N}\overset{OH}{\underset{O^-}{H}} \xrightarrow{H^+ \text{移動}} Ph-N\overset{OH}{\underset{OH}{}} \xrightarrow{H^+} Ph-\overset{+}{N}\overset{OH_2}{\underset{O-H}{}} \xrightarrow[-H^+]{-H_2O} Ph-N=O \text{ ニトロソ化合物} \right.$$

$$\left. \xrightarrow[2H^+]{2e^-} Ph-NH-OH \text{ ヒドロキシルアミン化合物} \xrightarrow[2H^+]{2e^-} Ph-NH_2 + H_2O \right)$$

この反応では，塩酸がH^+を，スズ(鉄)が電子(e^-)をニトロベンゼンに与

> **one rank up !**
> **還元反応の機構**
> アルケンのC=C二重結合が還元されるように，N=O二重結合も還元される．中間体として生成するヒドロキシルアミンのN-O結合は弱いので，還元によって切断されて，アニリンが生成する．

えることにより還元が進む．

ニトロ化合物は求電子剤や求核剤に対しては安定であり，このためニトロメタンやニトロベンゼンは溶媒としても用いられている．

11.2 アミンの定義とその反応

アミンの定義と分類

アミンはアンモニアの水素分子がアルキル基あるいはアリール基で置き換わった構造をもつ[*1]．アミンは窒素についている炭素置換基の数により，第一級（1°，primary），第二級（2°，secondary），第三級（3°，tertiary）に分類される（図11.1）．この定義はアルコールとは違うことに気をつけよう．

[*1] アルキル基で置き換わったものを脂肪族アミン，アリール基で置き換わったものを芳香族アミンという．

R–NH₂　　第一級アミン
R–N(R')–H　　第二級アミン
R–N(R')–R''　　第三級アミン
R–N⁺(R')(R''')–R''　　第四級アンモニウムイオン

図11.1　アミンの分類

アミンの名前のつけ方

第一級アミンはアルキル基の名前の後に接尾語-amine をつけて命名する．また，同一の置換基が複数ついた第二級および第三級アミンは，アルキル基の名前の前に二つの場合は di-，三つの場合は tri- をつけて命名する．それ以外の第二級および第三級アミンは第一級アミンの窒素にアルキル基が置換したかたちで命名する．フェニルアミンについては慣用名であるアニリンの使用が認められている．具体的には表11.2を見てほしい．

☞ one rank up !
窒素の位置を表すには
置換基が窒素についている場合，置換基の位置をN-で表す．たとえば，表11.2の一番下の化合物は，窒素に二つメチル基がついているので，N,N-ジメチルアニリンという名前になる．

表11.2　代表的なアミンの名称と性質

構造	IUPAC 名	慣用名	融点 (℃)	沸点 (℃)	水への溶解度 (g/100 g H₂O)	共役酸の pK_a(25 ℃)
CH₃CH₂NH₂	エチルアミン ethylamine	同左	−81	17	∞	10.8
(CH₃CH₂)₃N	トリエチルアミン triethylamine	同左	−115	90	∞	11.0
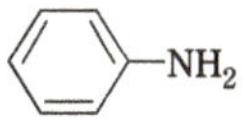 ⌬–NH₂	フェニルアミン phenylamine	アニリン aniline	−6	185	3.5	4.6
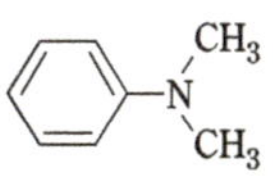 ⌬–N(CH₃)(CH₃)	N,N-ジメチルフェニルアミン N,N-dimethylphenylamine	N,N-ジメチルアニリン N,N-dimethylaniline	2	194		5.1

例題11.1 以下の化合物の IUPAC 名を英語で答えよ．

(1) 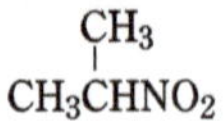 CH₃CHNO₂ — CH₃
(2) 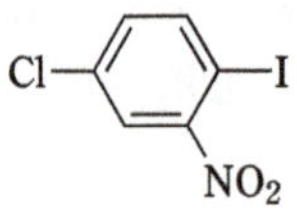 1-Cl, 4-I, 位置に NO₂ のベンゼン
(3) CH₃CH₂NHCH₃
(4) 2-ニトロフェニル-N-エチルアミン

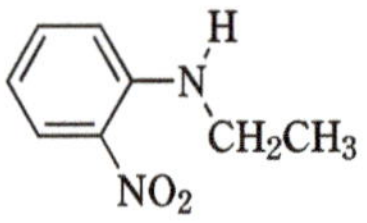

【解答】 (1) 2-nitropropane (2) 4-chloro-1-iodo-2-nitrobenzene
(3) *N*-methylethylamine (4) *N*-ethyl-2-nitrophenylamine

《解説》 (2) chloro- に位置番号 1 をわりあてた 1-chloro-4-iodo-3-nitrobenzene という名前よりも，解答の方が置換基に小さい位置番号がわりあてられているので正解である．どちらのつけ方でも位置番号が同じ場合は，最初の置換基に小さい数字をわりあてる必要がある．

アミンの性質

トリエチルアミンは窒素を中心とする四面体構造をしていて，頂点の一つを非共有電子対が占めている．C-N-C の結合角は 108° とメタンの 109.5° に近く，結合は sp³ 混成である（図 11.2）．

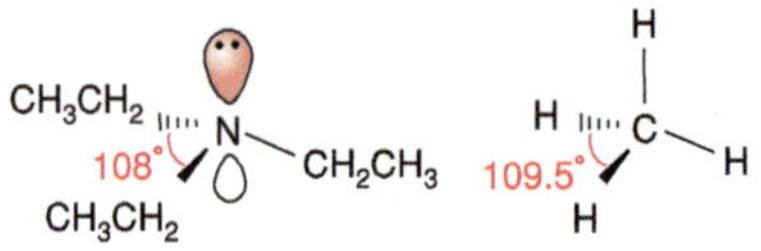

図 11.2 トリエチルアミンとメタンの構造の比較

このことからわかるように，アミンは非共有電子対をもつ．そのため，塩基性を示す．アミン類の塩基性の強弱は，その共役酸の pK_a の大小によって決まる．共役酸の酸性が強ければ強いほど（pK_a が小さいほど），アミンの塩基性は弱い（表 11.2）．アルキル基は電子供与基であり，アンモニウムイオンを誘起効果によって安定化するため，脂肪族アミンの塩基性はアンモニア（共役酸の pK_a = 9.26）よりも強い．

$$R-NH_2 + H^+ \rightleftharpoons R-\overset{+}{N}H_3 \quad (11.2)$$

アミン　塩基　　　　アンモニウムイオン　共役酸

一方，アニリンのような芳香族アミンの塩基性は脂肪族アミンよりも弱い．これは，アニリンの窒素上の非共有電子対はベンゼン環との共鳴によ

って安定化しており，この共鳴安定化がプロトン化によって失われるためである．

$$\text{C}_6\text{H}_5-\text{NH}_2 \leftrightarrow \text{C}_6\text{H}_5^--\overset{+}{\text{NH}}_2 \leftrightarrow \text{C}_6\text{H}_5^--\overset{+}{\text{NH}}_2 \leftrightarrow {}^-\text{C}_6\text{H}_5=\overset{+}{\text{NH}}_2 \tag{11.3}$$

ここで，代表的な芳香族アミンであるアニリンについて触れておこう．アニリン(aniline)は純粋なものは無色であるが，空気中においておくと，ゆっくりと褐色に変わっていく．水には溶けにくいが，エタノールやベンゼンなど多くの有機溶媒に溶ける．塩基性であるため，塩酸と反応して塩をつくり，アニリン塩酸塩(anilinium chloride)を生じる．このアニリン塩酸塩は水によく溶ける．

アニリン

$$\text{C}_6\text{H}_5-\text{NH}_2 + \text{HCl} \longrightarrow \text{C}_6\text{H}_5-\text{NH}_3\text{Cl} \tag{11.4}$$

アニリン　　　　　　　　　　アニリン塩酸塩

水酸化ナトリウムはその共役酸(水)のpK_aが15.5の強塩基である．したがって，アニリン塩酸塩などのアミン塩に水酸化ナトリウム水溶液を加えると，弱塩基であるアニリンが遊離してくる．

$$\text{C}_6\text{H}_5-\text{NH}_3\text{Cl} + \text{NaOH} \longrightarrow \text{C}_6\text{H}_5-\text{NH}_2 + \text{NaCl} + \text{H}_2\text{O} \tag{11.5}$$

例題11.2 以下の化合物を，塩基性の強い順に並べよ．

(1) $\text{C}_6\text{H}_5-\text{NH}_2$ 　(2) $\text{O}_2\text{N}-\text{C}_6\text{H}_4-\text{NH}_2$ 　(3) $\text{H}_3\text{C}-\text{C}_6\text{H}_4-\text{NH}_2$

【解答】 (3)＞(1)＞(2)

《解説》 電子供与基がベンゼン環に置換すると，式(11.3)で示したような共鳴構造が不安定化されるために塩基性が強くなり，電子求引基が置換すると，塩基性が弱くなる．共役酸のpK_aは(3) 4.79, (1) 4.63, (2) 1.00 である．

アミンの合成のしかた

第一級アミンはアンモニア(ammonia)とハロゲン化アルキルの求核置換反応によって合成される(式11.6)．

$$\text{H}_3\text{N} + \text{CH}_3\text{I} \longrightarrow \text{H}_3\overset{+}{\text{N}}-\text{CH}_3 \ \text{I}^- \xrightarrow{\text{NaOH}} \text{H}_2\text{N}-\text{CH}_3 + \text{NaI} + \text{H}_2\text{O} \quad (11.6)$$
アンモニア　ヨードメタン　　　　　　　　　　　　　　　メチルアミン

第一級アミンをさらにハロゲン化アルキルと反応させると第二級アミンが，また，さらに反応させると第三級アミンが合成される．

$$\text{CH}_3\text{NH}_2 + \text{CH}_3\text{I} \longrightarrow \text{H}_2\overset{+}{\text{N}}(\text{CH}_3)-\text{CH}_3 \ \text{I}^- \xrightarrow{\text{中和}} \text{HN}(\text{CH}_3)-\text{CH}_3 \quad (11.7)$$
ジメチルアミン

$$(\text{CH}_3)_2\text{NH} + \text{CH}_3\text{I} \longrightarrow \text{HN}(\text{CH}_3)_2^+-\text{CH}_3 \ \text{I}^- \xrightarrow{\text{中和}} \text{N}(\text{CH}_3)_2-\text{CH}_3 \quad (11.8)$$
トリメチルアミン

第三級アミンにはまだ非共有電子対が残っており，このため求核性をもつので，ハロゲン化アルキルとさらに反応して，第四級アンモニウム塩となる．第四級アンモニウム塩は安定なカチオンであり，反応性は乏しい．

$$(\text{CH}_3)_3\text{N}: + \text{CH}_3\text{I} \longrightarrow \text{H}_3\text{C}-\overset{+}{\text{N}}(\text{CH}_3)_2-\text{CH}_3 \ \text{I}^- \quad (11.9)$$
ヨウ化テトラメチルアンモニウム

芳香族アミンはニトロ化合物の還元によって合成される（式11.1）．

顔料として利用されるアニリンブラック

アニリンを硫酸酸性で二クロム酸カリウムで酸化すると，**アニリンブラック**と呼ばれる水に不溶の黒色の物質ができる．アニリンブラックは複雑な構造の化合物の混合物であり，黒色の有機顔料として絵具や樹脂着色剤として使用されている（図11.3）．

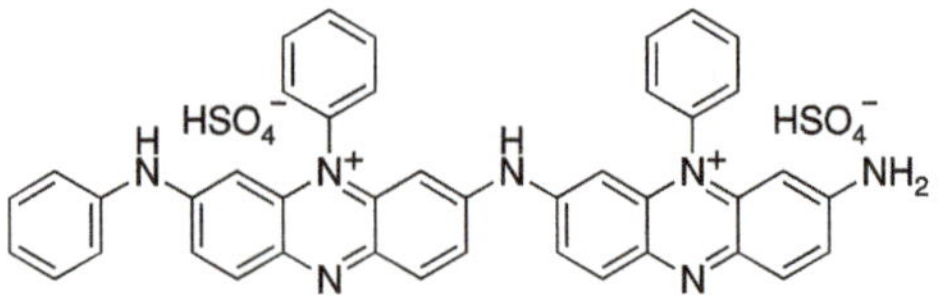

図11.3　アニリンブラックに含まれる化合物の一例

ジアゾニウム塩も顔料となる

ここでは，カップリングという反応によって顔料をつくるときの原料となる，ジアゾニウム塩という物質について学んでいこう．まずは，その合成法から解説する．

亜硝酸ナトリウムを酸性にすると亜硝酸（nitrous acid）が生じ，酸性条

> **one rank up !**
> **ジアゾニウムという名前の由来**
> diazonium の di- は 2 を示す倍数接頭詞であり，azo- は窒素を，-onium はカチオン種であることを示す．

件下では二分子の亜硝酸が縮合してニトロソ化剤(ニトロソ基は-N=O)である三酸化二窒素 N_2O_3 が生成する.

$$HO-N=O \xrightarrow{H^+} HO\overset{+}{-}\underset{H}{N}=O \xrightarrow[-H_2O]{HO-N=O} O=N\overset{+}{-}\underset{H}{O}-N=O \xrightarrow{-H^+} O=N-O-N=O \quad (11.10)$$

亜硝酸

アニリンの希塩酸溶液に 0 ℃付近で亜硝酸ナトリウムを加えると,アニリンと三酸化二窒素から塩化ベンゼンジアゾニウム(benzenediazonium chloride)が生成する.

$$\text{C}_6\text{H}_5\text{-}\ddot{\text{N}}\text{H}_2 + \text{NaNO}_2 + \text{HCl} \xrightarrow{0℃} \text{C}_6\text{H}_5\text{-}\overset{+}{\text{N}}\equiv\text{N} \ \text{Cl}^-$$

塩化ベンゼンジアゾニウム

$$\begin{pmatrix}
\text{Ph-}\ddot{\text{N}}\text{H}_2 + \text{O}=\overset{\delta+}{\text{N}}-\overset{\delta-}{\text{O}}-\text{N}=\text{O} \longrightarrow \text{Ph-}\overset{+}{\text{N}}\text{H}_2\text{N}=\text{O} + \text{NO}_2^- \\
\text{Ph-}\overset{+}{\text{N}}\text{H}_2\text{N}=\text{O} \xrightarrow{\text{H}^+\text{移動}} \left[\text{Ph-NH-N}=\overset{+}{\text{O}}\text{H} \longleftrightarrow \text{Ph-}\overset{+}{\text{N}}\text{H}=\text{N-OH} \right] \\
\xrightarrow{\text{H}^+\text{移動}} \text{Ph-N}=\text{N-}\overset{+}{\text{O}}\text{H}_2 \xrightarrow{-\text{H}_2\text{O}} \text{Ph-}\overset{+}{\text{N}}\equiv\text{N}
\end{pmatrix} \quad (11.11)$$

反応機構は式(11.11)に示すように複雑であり,三酸化二窒素がアニリンの窒素をニトロソ化した後に水分子がとれて,ジアゾニウム塩が生成する.このような反応を**ジアゾ化**という.

塩化ベンゼンジアゾニウムは水溶性である.芳香族ジアゾニウム塩はベンゼン環との共鳴(図11.4)のため 0 ℃以下では比較的安定であるが,室温では窒素ガスを放出して分解してしまう.一方,脂肪族ジアゾニウム塩は一般に不安定であり,低温でも単離することが難しい.

芳香族ジアゾニウム塩は弱い求電子剤である.共鳴構造式ではカチオンの荷電は両方の窒素上に書くことができるが,置換基がついていない側の窒素でのみ求電子反応を起こす.

$$\text{R-}\overset{+}{\text{N}}\equiv\text{N} \longleftrightarrow \text{R-N}=\text{N}^+ \quad (11.12)$$

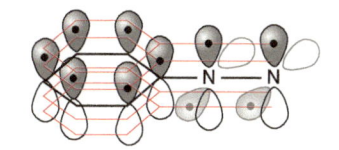

図11.4 ベンゼン環とジアゾ基間の π 軌道の相互作用

求電子性が低く，しかも低い温度でしか使えないため，強い活性化基が置換して非常に求電子反応を受けやすい，フェノール・フェノキシド類やアニリン類としか反応できない．この求電子反応はフェノール類やアニリン類とのp-位で選択的に起こる(式11.13)．生成物中の-N=N-基を**アゾ基**といい，アゾ化合物をつくるこのような反応を**アゾカップリング**という．

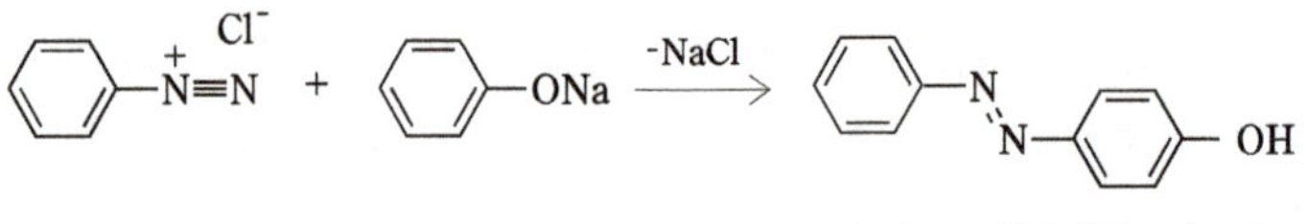

$$\text{C}_6\text{H}_5\text{-N}_2^+\text{Cl}^- + \text{C}_6\text{H}_5\text{-ONa} \xrightarrow{-\text{NaCl}} \text{C}_6\text{H}_5\text{-N=N-C}_6\text{H}_4\text{-OH}$$

4-フェニルアゾフェノール

(11.13)

式(11.13)の生成物である4-フェニルアゾフェノール(4-phenylazophenol)は赤紫色である．芳香族アゾ化合物やアニリンブラックの化学構造の例のように，分子内に共役系が長く広がっている化合物は色がついているので，アゾ化合物は染料や顔料として広く使われている．代表的なアゾ染料に *Orange II*（オレンジ色）などがある(図11.5)．

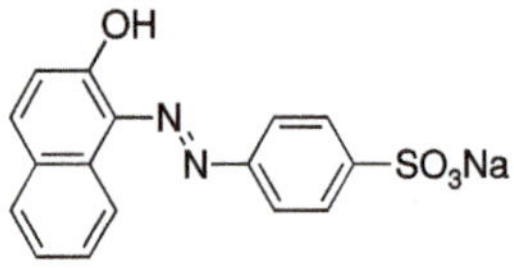

図11.5 *Orange II* の構造

例題11.3 式(11.13)のアゾカップリング反応が選択的にp-位で起こる理由を説明せよ．

【解答】 フェノキシド類はo-, p-配向性の置換基である-O⁻基をもつ．o-, p-配向性の置換基がついたベンゼン環はp-位の方がo-位よりも本来反応しやすく，温和な条件下では選択的にp-位で求電子置換反応を受ける．芳香族ジアゾニウム塩は低温でないと不安定なため，アゾカップリングも低温で行われ，このため，選択的にp-位でのみ反応が起こる．

11.3 アミドの合成と性質

アミドの定義とその合成法

カルボン酸とアンモニアを反応させると，酸塩基の中和反応が起こって，カルボン酸アンモニウム塩が生成する．この塩を高温で加熱すると，縮合が起こり，**アミド**と呼ばれる化合物が生成する．この-C(O)N-結合を**アミド結合**という．

$$CH_3COOH + NH_3 \longrightarrow CH_3CO^-\overset{+}{N}H_4 \xrightarrow{225℃} CH_3\overset{O}{\underset{\|}{C}}-NH_2$$
酢酸　　　　アンモニア　　酢酸アンモニウム　　　　　アセトアミド
(11.14)

同様な反応はカルボン酸とアミンの間にも起こる．

$$CH_3COOH + CH_3CH_2NH_2 \longrightarrow CH_3CO^-H_3\overset{+}{N}CH_2CH_3 \xrightarrow[-H_2O]{225℃} CH_3\overset{O}{\underset{\|}{C}}-NHCH_2CH_3$$
　　　　　　エチルアミン　　　酢酸エチルアンモニウム　　　　N-エチルアセトアミド

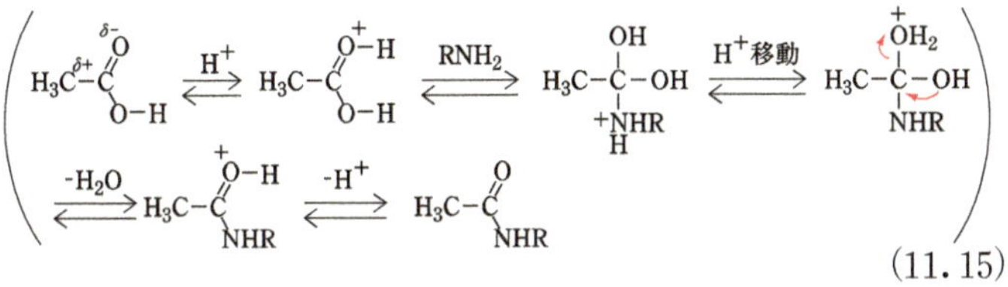

(反応機構図)

(11.15)

カルボン酸とアミンからのアミドの合成の反応機構(式11.15)はエステルの生成機構(式10.14)に似ていて，可逆反応であるところも同じである．このため，アミドを酸触媒の存在下で大量の水とともに加熱すると，式(11.15)の逆反応が進んでアミドの加水分解が起こる．

アミドの名前のつけ方

アミドはアミンと同様に，窒素につくアルキル基（あるいはアリール基）の数によって，第一級，第二級，第三級に分けられる（図11.6）．

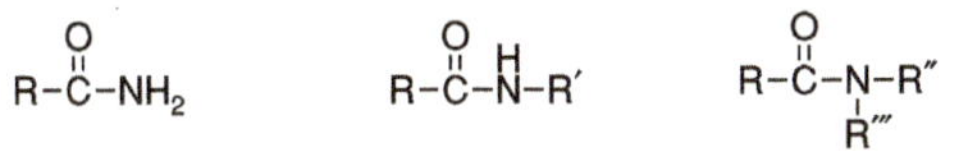

$$R-\overset{O}{\underset{\|}{C}}-NH_2 \qquad R-\overset{O}{\underset{\|}{C}}-\overset{H}{\underset{}{N}}-R' \qquad R-\overset{O}{\underset{\|}{C}}-\overset{R''}{\underset{R'''}{N}}-R''$$
　第一級アミド　　　　　第二級アミド　　　　　第三級アミド

図11.6　アミドの分類

第一級アミドの命名は，対応するカルボン酸の名称の語尾の-oic acidまたは-ic acidを-amideに変えてつくる．第二級，第三級アミドは第一級アミドの窒素原子にアルキル基（あるいはアリール基）が置換したかたちで命名する（図11.7）．

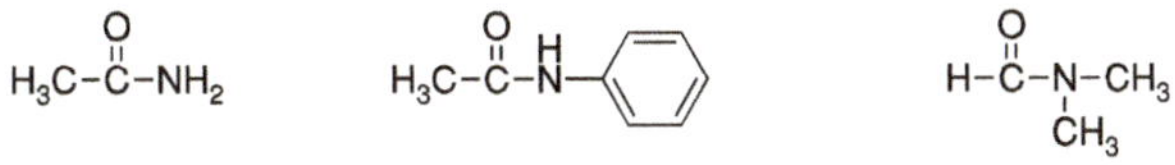

$$H_3C-\overset{O}{\underset{\|}{C}}-NH_2 \qquad H_3C-\overset{O}{\underset{\|}{C}}-\overset{H}{\underset{}{N}}-C_6H_5 \qquad H-\overset{O}{\underset{\|}{C}}-\overset{CH_3}{\underset{CH_3}{N}}-CH_3$$
エタンアミド　　　　N-フェニルエタンアミド　　　N,N-ジメチルメタンアミド
アセトアミド　　　　アセトアニリド　　　　　　　N,N-ジメチルホルムアミド

図11.7　アミドの命名

酸無水物をアミンと反応させてもアミドが生成する．たとえばアニリン

に無水酢酸を反応させると，アセトアニリド(acetanilide)が生成する．

$$\text{C}_6\text{H}_5-\text{NH}_2 + (\text{CH}_3\text{CO})_2\text{O} \longrightarrow \text{中間体} \longrightarrow \text{C}_6\text{H}_5-\text{NHCOCH}_3 + \text{CH}_3\text{COOH}$$

アセトアニリド

(11.16)

例題11.4 以下の化合物をベンゼンから合成する経路を式で示せ．また，必要な試薬もあわせて示せ．

(1) 4-クロロニトロベンゼン (Cl-C$_6$H$_4$-NO$_2$)
(2) 3-クロロアセトアニリド (Cl-C$_6$H$_4$-NHCOCH$_3$)
(3) 4-アミノフェノール (HO-C$_6$H$_4$-NH$_2$)

【解答】 あくまでも一例である．

(1) ベンゼン $\xrightarrow{\text{Cl}_2/\text{FeCl}_3}$ クロロベンゼン $\xrightarrow{\text{HNO}_3/\text{H}_2\text{SO}_4}$ p-クロロニトロベンゼン (+ o-体)

(2) ベンゼン $\xrightarrow{\text{HNO}_3/\text{H}_2\text{SO}_4}$ ニトロベンゼン $\xrightarrow{\text{Cl}_2/\text{FeCl}_3}$ m-クロロニトロベンゼン $\xrightarrow{\text{Sn/aq. HCl}}$ m-クロロアニリン

$\xrightarrow{(\text{CH}_3\text{CO})_2\text{O}}$ m-クロロアセトアニリド

(3) ベンゼン $\xrightarrow{\text{Cl}_2/\text{FeCl}_3}$ クロロベンゼン $\xrightarrow[\Delta]{\text{NaOH}}$ ナトリウムフェノキシド $\xrightarrow{\text{HNO}_3}$ p-ニトロフェノール (+ o-体)

$\xrightarrow{\text{Sn/aq. HCl}}$ 4-アミノフェノール

《解説》 (1) 先にニトロ化を行うとm-体が生成してしまう．

(2) m-体をつくるために，ニトロ基の還元は塩素化の後で行う必要がある．

(3) フェノールの合成法は他に，スルホン化/アルカリ溶融，クメン法がある．ニトロ化は-OH基が活性化基であるため，硫酸がなくても進む．化合物(1)に水酸化ナトリウム水溶液を求核置換反応させて，4-ニトロフェノールにしてもよい．

このように，合成法はいくつもある．実際に合成を行う場合は，収率，コスト，反応の簡便さ，反応の安全性，必要な器具の有無など，多方面から合成経路を検討して決定する．

アミドの塩基性

アミドの窒素上にはアミンと同様に非共有電子対があるが，アミドの塩基性はアミンに比べてとても低い．これは窒素原子上の非共有電子対がカルボニル基との共鳴に関与していて，塩基として働いた場合にはこの共鳴

安定化が失われるためである．

$$R-C\underset{\underset{H}{N-H}}{\overset{O}{\parallel}} \longleftrightarrow R-C\underset{\underset{H}{N-H}}{\overset{O^-}{\parallel}}^{+} \tag{11.17}$$

たとえば，アセトアミドの共役酸の pK_a は -0.51 と，エチルアミンの共役酸の pK_a である 10.66 よりもはるかに強い酸であり，このことはアセトアミドが非常に弱い塩基であることを示している．

コラム：さまざまな用途で用いられる尿素

尿素は，われわれの尿に含まれる化合物としてだけではなく，さまざまな側面をもった化合物である．その一面を，ちょっと覗いてみよう．

DNA，RNA，タンパク質など，生体を構築している物質は窒素を含んでいる．よって，生体に不要になったこれらの物質が分解されるとアンモニアが生じる．しかし，アンモニアは毒性が高いため，生物はこれを速やかに処理しなければならない．

周囲に多量の水がある魚類はアンモニアを直接排出するが，陸上の動物は毒性の低い化合物に変えて，蓄えてから排泄する．たとえば，爬虫類や鳥類は，アンモニアを尿酸に変えて排泄する．ヒトなどの哺乳類や両生類はアンモニアを尿素(urea)に変えて排泄する．アンモニアは肝臓で尿素に変換され，血液中を運ばれ，水に溶けた"尿"として腎臓から排泄される．

ここからは尿素の化学的側面について見ていこう．尿素は炭酸のアミドであり，きわめて水に溶けやすく，水溶液はほぼ中性を示す．加熱すると約 $133\,°C$ で融解し，さらに加熱すると分解してアンモニアなどを生じる．

以前は有機化学とは生物がつくる化合物に関する学問であり，鉱物由来の化合物に関する無機化学とはっきりと区別されていた．有機化合物は生命をもつものしかつくることができないと考えられていたためである．

この固定観念を打ち破ったのがウェーラーであった．3章のコラムでも述べたように，尿素は最初に合成された有機化合物である．

$$NH_4^{+\,-}O-C\equiv N \xrightarrow{\Delta} H_2N-\overset{\overset{O}{\parallel}}{C}-NH_2$$

シアン酸アンモニウム　　　　　尿素

尿素は本来，皮膚中に含まれている物質でもあり，皮膚の乾燥を防ぐ保湿剤として化粧品や医薬品に使われている．また，尿素はホルムアルデヒドとの付加縮合により三次元網目構造の高分子となる．この高分子は尿素樹脂(urea resin)と呼ばれ，接着剤や塗料に使用されている．

$$H_2N-\overset{\overset{O}{\parallel}}{C}-NH_2 + HCHO \xrightarrow{\Delta}$$ 尿素樹脂

尿素樹脂の構造の一例

ポリアミドは身の回りで使われている

ここでは，普段の生活のなかで，洋服の繊維やプラスチックとして大いに利用されているポリアミドという化合物について学んでいこう．

ジカルボン酸とジアミンが重縮合すると高分子が生成する．たとえば，アジピン酸(adipic acid)とヘキサメチレンジアミン(hexamethylenediamine)を混ぜると，ナイロン塩(nylon salt)と呼ばれる塩が生成する．この塩を285℃付近で加熱すると重縮合が起こり，ポリマーが得られる．

$$H_2N(CH_2)_6NH_2 + HOOC(CH_2)_4COOH \longrightarrow \begin{array}{c} H_3\overset{+}{N}(CH_2)_6\overset{+}{N}H_3 \\ {}^-OOC(CH_2)_4COO^- \end{array} \quad (11.18)$$

1,6-ジアミノヘキサン　ヘキサン二酸
ヘキサメチレンジアミン　アジピン酸　　　　　ナイロン塩

$$\begin{array}{c} H_3\overset{+}{N}(CH_2)_6\overset{+}{N}H_3 \\ {}^-OOC(CH_2)_4COO^- \end{array} \xrightarrow{\Delta} {-\!\!\!\!-}[HN(CH_2)_6NH\overset{O}{\overset{\|}{C}}(CH_2)_4\overset{O}{\overset{\|}{C}}]_p{-\!\!\!\!-} \quad (11.19)$$

6,6-ナイロン

一般に，アミド結合の形成によって重縮合した高分子を**ポリアミド**と呼ぶ．とくに，脂肪族ジカルボン酸と脂肪族ジアミンから合成された脂肪族ポリアミドをナイロン(nylon)と呼び，原料のジアミン中の炭素数とジカルボン酸中の炭素数を(この順番で)前につけて命名する．よって，式(11.19)の生成物の場合は6,6-ナイロンという名前になる[*2]．6,6-ナイロンはストッキングなどの繊維として使われているほか，高性能なプラスチックとしても使われている．繊維として使用する場合にはナイロンと呼ばれ，プラスチックとして使用される場合は一般名を固有名がわりに使ってポリアミド樹脂と呼ばれる．

6,6-ナイロンと並んで代表的なナイロンである6-ナイロン[*3]は環状のアミド(ラクタムという)が重合してできる．ε-カプロラクタム(ε-caprolactam)を少量の水とともに加熱すると，ε-カプロラクタムが加水分解してε-アミノカプロン酸(ε-aminocaproic acid)ができ，これが重縮合することによって6-ナイロン(6-nylon)が生成する．

$$\begin{array}{c}\text{ε-カプロラクタム} \end{array} + H_2O \longrightarrow H_2N(CH_2)_5COOH \xrightarrow[\Delta]{-H_2O} {-\!\!\!\!-}[HN(CH_2)_5\overset{O}{\overset{\|}{C}}]_p{-\!\!\!\!-} \quad (11.20)$$

ε-カプロラクタム　　　　　6-アミノヘキサン酸
　　　　　　　　　　　　　ε-アミノカプロン酸　　　　　6-ナイロン

[*2] 呼び方は，66ナイロン，ナイロン-66，ナイロン6-6などさまざまなものがあるが，ここでは高校の教科書と同じ表記法の6,6-ナイロンとした．

👉 one rank up！
ナイロンが丈夫なわけ
ナイロンはアミド結合間に水素結合をもつので融点が高く，このため耐熱性が高い．
また，水素結合がナイロンを強く，かつ変形にしにくくしているため，ポリアミド樹脂は金属材料の代わりに用いられるほど丈夫である．このようなプラスチックをエンジニアリングプラスチックと呼ぶ．

[*3] 6-ナイロンの6は原料(ラクタム)の炭素数を示している．

例題11.5 脂肪族ポリアミドである6,10-ナイロンと3-ナイロンを構造

式で示せ．

【解答】

$$\mathrm{+NH(CH_2)_6NHC(=O)(CH_2)_8C(=O)+}_p \qquad \mathrm{+NHCH_2CH_2C(=O)+}_p$$

6,10-ナイロン　　　　　　　　　　　　　3-ナイロン

《解説》　ナイロンの命名は，原料が二つある場合はジアミン中の炭素数とジカルボン酸中の炭素数をこの順番で前につけて命名される．3-ナイロンはアクリルアミド($CH_2=CHCONH_2$)の付加重合によって合成される．

章末問題

1 以下の化合物の IUPAC 名を英語で答えよ．

(1) Cl基とNO_2基をもつペンテン構造

(2) H_3C-, O_2N-, NO_2- 置換ベンゼン

(3) $CH_3NCH_2CH_2CH_3$
    $\quad\;\; |$
    $\quad\;\; CH_2CH_3$

(4) $H_3C\text{-}\langle\text{ベンゼン環}\rangle\text{-}N_2^+Cl^-$

(5) $CH_3CH_2CH_2C(=O)NHCH_2CH_3$

(6) $(CH_3)_2NCH_2CH_2OH$

2 以下の化合物を接触還元（Ni，Pt，Pd などの触媒を用いる水素による還元）した場合に生成する化合物の構造を示せ．また，その IUPAC 名を英語で答えよ．

(1) アルキンとアルケンを含む分枝鎖構造

(2) NO_2基をもつアルケン構造

(3) Cl と NO_2 をもつベンゼン環（メタ位）

3 以下のモノマー（あるいはモノマーの組合せ）から得られるポリマーの構造を式で示せ．

(1) $H_2N\text{-}\langle\text{C}_6H_4\rangle\text{-}NH_2\;+\;HOOC\text{-}\langle\text{C}_6H_4\rangle\text{-}COOH$

(2) $HOCH_2COOH$

(3) $Cl\text{-}\langle\text{C}_6H_4\rangle\text{-}C(=O)\text{-}\langle\text{C}_6H_4\rangle\text{-}Cl\;+\;NaO\text{-}\langle\text{C}_6H_4\rangle\text{-}C(=O)\text{-}\langle\text{C}_6H_4\rangle\text{-}ONa$

4 *N*-メチルアセトアミドは低温では二つの異性体の混合物となっている．この二つの異性体の構造を式で示し，異性体が生成する理由を説明せよ．

5 以下の化合物をベンゼンから合成する経路を式で示せ．また，必要

な試薬もあわせて示せ.

(1) 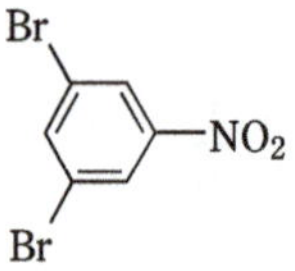 Br—⟨benzene with Br, Br, NO₂⟩

(2) 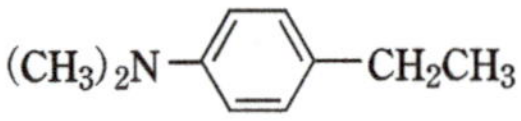 (CH₃)₂N—⟨benzene⟩—CH₂CH₃

6 以下の化合物を合成する経路を示せ．ただし，出発物質や反応に用いる試薬としてはエテン，プロペン，ベンゼン以外の有機化合物は使用してはならない．無機化合物は自由に使用してよい(最後の問題なので，総合的な問題とした)．

(1) 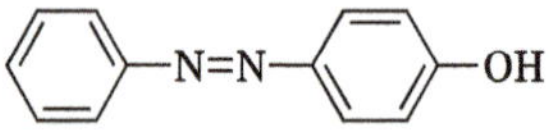 ⟨C₆H₅—N=N—C₆H₄—OH⟩

(2) 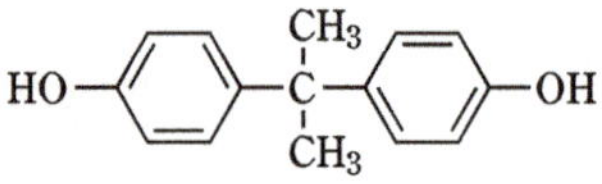 HO—⟨C₆H₄⟩—C(CH₃)₂—⟨C₆H₄⟩—OH

(3) 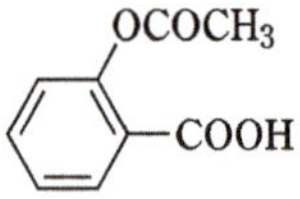 ⟨benzene with OCOCH₃ and COOH (ortho)⟩

付録　IUPAC 命名法について

　IUPAC 命名法は，「名称を与えれば，構造式が決定できる」ことを第一に考えて組み立てられているため，同一化合物でもいろいろな方法で命名することが認められている．

　たとえば，ジエチルエーテル $CH_3CH_2OCH_2CH_3$ の IUPAC 名は 8 章に示した ethoxyethane と diethyl ether のどちらも認められている．ethoxyethane は系統的な命名規則に基づいて命名されたものであり，一方，diethyl ether は慣用的な命名法を取り入れたものであって，本書では前者を IUPAC 名，後者を慣用名としている．これらの名称以外に上記の化合物には ethyl ether や ether という慣用名があるが，IUPAC はこれらの名称は認めていない．なお，本書では IUPAC が認めていない慣用名を示すときは *赤字のイタリック体* で示してある．

　IUPAC による系統的な命名規則は各章で簡単に紹介してきたが，ここでは複数の官能基をもつ化合物の命名法について補足する．ただし，本書で取り扱わなかった官能基については割愛しており，また，非常に複雑な規則のごく一部のみを記載していることを付記しておく．

複数の官能基をもつ化合物の命名法

　官能基には優先順位があり，もっとも優先順位が高い官能基（以下，**主官能基**と呼ぶ）を接尾語で，ほかの官能基は接頭語で命名する．また，優先順位の低い官能基には接頭語での命名しかできないものもある（以下，**副官能基**と呼ぶ）．

　それでは，命名法を順を追って説明していこう．

① 化合物を見て，主官能基を含み，さらになるべく多くのほかの官能基（副官能基を除く）を含み，さらになるべく多くの不飽和結合を含み，さらになるべく長い炭素鎖（以下，**主鎖**と呼ぶ）を選ぶ．この主鎖の炭素数から母体となる名称が決まる．

② 主鎖に位置番号をつける．この番号は，主官能基になるべく小さい数字を，さらに不飽和結合になるべく小さい数字を，さらに置換基がある位置になるべく小さい数字をあてるようにつける．

③ 主鎖の炭素数と不飽和結合の有無により，母体名を決め，主官能基の種類と数により接尾語をつける．

④ 置換基の名称を決定する．複雑な構造の置換基の場合には，①から③のステップに準じて置換基の名称を決定する．置換基中にさらに位置番号をつける場合は主鎖に接続している炭素を 1 として数える．

⑤ すべての置換基をアルファベット順に並べて，同種の置換基が複数ある場合は倍数接頭詞を置換基名の前につけて，位置番号とともに母体名の前に並べる．

　以下，具体例に沿って見ていこう．

例

ステップ1：もっとも優先順位の高いカルボン酸を二つ含む部分が主鎖に決まる．

ステップ2：二重結合に小さい数字がくるように位置番号を決める．

表1　系統的な命名のための官能基の分類

分類	順位	種類		式	接頭語	接尾語
主官能基候補	1	アニオン	(例)カルボン酸イオン	$-COO^-$	carboxylato-	-carboxylate
	2	カチオン	(例)ジアゾニウム	$-N_2^+$	diazonio-	-diazonium
	3	酸	カルボン酸	-COOH	carboxy-	-carboxylic acid -oic acid
			スルホン酸	$-SO_3H$	sulfo-	-sulfonic acid
	4	酸無水物		$\overset{O}{-\overset{\|}{C}}-O-\overset{O}{\overset{\|}{C}}-$		-carboxylic anhydride -oic anhydride
	5	エステル	(例)アルキルエステル	-COOR	alkoxycarbonyl-	alkyl -carboxylate alkyl -oate
	6	アミド		$-CONH_2$	carbamoyl-	-carboxamide -amide
	7	アルデヒド		-CHO	formyl-	-carbaldehyde -al
	8	ケトン		=O	oxo-	-one
	9	アルコール類	アルコール	-OH	hydroxy-	-ol
			フェノール	-OH	hydroxy-	-ol
	10	アミン		$-NH_2$	amino-	-amine
不飽和結合		二重結合		C=C		-ene
		三重結合		C≡C		-yne
副官能基		エーテル	(例)アルキルエーテル	-OR	alkoxy-	
		ハロゲン	(例)クロロ-	-Cl	chloro-	
		ニトロ		$-NO_2$	nitro-	

カルボン酸誘導体の接尾語には主鎖の炭素数に官能基の炭素を含めない場合と(上段)，含む場合(下段)の2通りがある．

ステップ3：母体名は hept-3-ene となる．ジカルボン酸であるため dioic acid を語尾につけて，主鎖の名称は hept-3-enedioic acid に決まる．カルボン酸は必ず端にくるため，カルボン酸の位置を示す番号は不要であるが，二重結合の位置を示す番号を -ene- の直前につける．

ステップ4：もっとも複雑な置換基の名称は主鎖に接続している炭素を1とするため，1-chloro-3-oxobut-1-enyl となる．

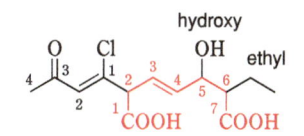

ステップ5：複雑な置換基の部分を括弧でくくって，名称は 2-(1-chloro-3-oxobut-1-enyl)-6-ethyl-5-hydroxy-hept-3-enedioic acid となる．IUPAC による命名法では，化合物名は間に空白を入れずに1語で表す場合が多いが，この例の場合のように，カルボン酸，酸無水物やこのテキストでは取り扱っていないが，酸ハロゲン化物の場合は2語で表す．また，カルボン酸塩，スルホン酸塩，アルコラートやアンモニウム塩などの塩類を表す場合もカチオンとアニオンの名称の間に空白を入れて，2語で表すきまりとなっている．また，エステルの場合も，命名法がカルボン酸塩の命名法に準じているため2語で表す（表10.2）．

慣用名ではこれら以外にも，エーテル（表8.2），ケトン（表9.2），ハロゲン化アルキル（例：carbon tetrachloride）など，複数語で表される場合がある．

参考文献

和 書

大嶌幸一郎, 「基礎有機化学」, 東京化学同人(2000)

小島一光, 「基礎固め　化学」, 化学同人(2002)

齋藤昊, 「はじめて学ぶ大学の物理化学」, 化学同人(1997)

深澤義正・笛吹修治, 「はじめて学ぶ大学の有機化学」, 化学同人(1998)

正畠宏祐, 「化学の基礎—化学結合の理解—」, 化学同人(2004)

三吉克彦, 「はじめて学ぶ大学の無機化学」, 化学同人(1998)

山口達明, 「有機化学の理論　第3版」, 三共出版(2000)

廖春栄, 「全有機化合物名称のつけ方　最新版」, 三共出版(1999)

J. マクマリー, 伊東椒・児玉三明 訳, 「有機化学概説　第5版」, 東京化学同人(2004)

K. P. C. ボルハルト・N. E. ショアー, 古賀憲司 他監訳, 「現代有機化学　第4版」, 上・下, 化学同人(2004)

R. ホワイマン, 碇屋隆雄・山田徹 訳, 「有機金属と触媒—工業プロセスへの展開—」, 化学同人(2003)

洋 書

P. Y. Bruice, 「*Organic Chemistry*」, 2nd Ed., Prentice-Hall (1998)

F. A. Carey, and R. J. Sundberg, 「*Advanced Organic Chemistry: Reaction and Synthesis*」, 4th Ed., Springer (2001)

F. A. Carey, and R. J. Sundberg, 「*Advanced Organic Chemistry: Structure and Mechanisms*」, 4th Ed., Springer (2000)

H. O. House, 「*Modern Synthetic Reactions*」, 2nd Ed., Benjamin-Cummings Pub Co. (1972)

J. March, 「*Advanced Organic Chemistry: Reactions, Mechanisms, and Structure*」, 4th Ed., John Wiley & Sons Inc. (1992)

J. McMurry, 「*Organic Chemistry*」, 6th Ed., Brooks Cole (2004)

S. H. Pine, 「*Organic Chemistry*」, 5th Ed., Mcgraw-Hill Companies (1987)

索 引

A～Z

gem-ジオール	139, 144
Hückel 則	96
IUPAC 名	52
m-配向性	114
o-, *p*-配向性	113, 130

あ

アセチル化	156
アセトアルデヒド	137
アセトン	142, 144
アゾカップリング	168
アゾ基	168
アニリン	165
アニリンブラック	166
アボガドロ数	6
アミド	168
アミン	163
アリール基	116
アルカン	49
アルキル化	104
アルキル基	53
アルキン	58
アルケン	56
アルコール	121
第一級――	121, 126
第三級――	121, 126
第二級――	121, 126
アルデヒド	126, 136
安息香酸	150
イオン	11
――化エネルギー	12
――結合	34
異性体	49
幾何――	58
光学――	152
構造――	49
シス-トランス異性体	58
1,1-ジオール	126
エーテル	131
エステル	154
エタノール	123
塩基	40, 164
オクテット則	19

か

化学式	3
化学反応式	62
可逆反応	71
化合物	1
加水分解	153, 158
活性化エネルギー	76
活性化基	114
活性化状態	75
価電子	11, 18
価標	20
カルボキシ化	130
カルボニル基	135
カルボン酸	126, 147
還元	87, 139, 145, 162
完全構造式	51
官能基	48
慣用名	52
簡略構造式	51
幾何異性体	58
希ガス元素	14
ギ酸	149
基底状態	82
軌道	8
――の位相	10
逆反応	71
求核置換反応	91, 116, 124, 165
求核反応	70, 91
求核付加反応	139, 144
求電子置換反応	101, 110, 130
求電子反応	70, 85
求電子付加反応	84, 89, 109
吸熱反応	64
鏡像	151
協奏反応	126
共鳴	
――安定化エネルギー	98
――効果	111
――構造	97
――混成体	97
共役塩基	42
共役化合物	98
共役酸	42, 164
共有電子対	18
極性共有結合	35
極性反応	70
極性分子	37
銀鏡反応	141
金属元素	14
均等開裂	69, 81
空気酸化	104
クメン	110
――法	143
係数	62
結合エネルギー	26
結合角	21, 28
結合距離	31, 96
結合次数	19
結合性分子軌道	22
ケトン	126, 142
けん化	158
原子	4
――核	4

──番号	4	
──量	5	
元素	3	
光学異性体	152	
構造異性体	49	
語幹	53	
骨格構造式	55	
混合物	1	
混成軌道	26	

さ

酢酸	150
酸	40
酸化	87, 126, 141
三重結合	19, 58
酸無水物	153
ジアゾ化	167
ジエチルエーテル	131
σ 結合	23, 28
シクロアルカン	55
シス-トランス異性体	58
示性式	48
質量数	4
脂肪酸	147
ジメチルエーテル	131
周期表	11
周期律	11, 13
重縮合	157, 172
縮合反応	127
主鎖	51
純物質	1
触媒	77, 87
水素結合	36, 38, 124
水和	139, 144
──反応	124
スルホン化	104
生成物	62
正反応	71
生分解性プラスチック	157
接触還元	145
接尾語	53
遷移状態	75
線結合構造	20
線結合構造式	51
双極子モーメント	110

側鎖	51
速度定数	75

た

第一級アルコール	121, 126
第三級アルコール	121, 126
第二級アルコール	121, 126
脱水反応	128
脱離反応	68, 92, 127
炭化水素	47
単結合	19
単体	2
置換基	47
置換反応	67
中間体	76, 109
中性子	4
テレフタル酸	150
転移反応	68, 143
電気陰性度	33, 111
電子	4
電子求引基	111
電子求引性	108
電子供与基	111
電子供与性	108
電子効果	112
電子親和力	13
電子配置	8
電離平衡	73
同位体	5
同素体	3

な

ナイロン	172
二重結合	19, 56
ニトロ化	103
ニトロソ化	167
ニトロベンゼン	161
乳酸	151
熱分解	81
燃焼	83

は

配位結合	32
π 結合	25, 30
倍数接頭詞	53

パウリの排他律	9
発熱反応	64
ハロゲン化	102, 130
──アルキル	90
反結合性分子軌道	22
反応速度	74
反応熱	64
反応物	62
非共有電子対	18
非局在化	103
非金属元素	14
ヒドロキシ基	48, 121
ヒドロキシ酸	151
ビニル基	58
ヒュッケル則	96
ファンデルワールス力	36
フェノール	121, 124, 139, 145
──樹脂	140
不可逆反応	71
付加重合	84
付加縮合	140
不活性化基	114
付加反応	67
不均等開裂	70
不斉合成	151
不斉炭素	151
フタル酸	150
不対電子	18
不飽和化合物	46
フマル酸	150
ブレンステッド酸	42
分極	34
分子	17
──間力	35
──軌道	22
フントの規則	9, 13
平衡状態	72
平衡定数	72
平衡反応	71
ヘテロ原子	69
偏光	152
ベンゼン	95, 100
芳香環	96
芳香族化合物	96
芳香族性	96

飽和化合物	46
ポリアミド	172
ポリエステル	157
ポリエチレンテレフタレート	158
ポリマー	84
ホルムアルデヒド	137

ま

マルコフニコフ則	110
マレイン酸	150
無極性分子	37
メタノール	123
モノマー	84
モル	7

や

誘起効果	108
陽子	4

ら

ラジカル	70, 81
立体効果	117
ルイス構造	19
ルイス酸	42
励起状態	82
連鎖反応	83

● 著者紹介 ●

宮本　真敏（みやもと　まさとし）
1957年山梨県生まれ．1981年京都大学大学院工学研究科修士課程修了．その後，滋賀県立短期大学助手，京都大学工学部助手，富山大学工学部講師，同助教授，京都工芸繊維大学繊維学部助教授，京都工芸繊維大学生物資源フィールド科学教育研究センター教授を経て，前 京都工芸繊維大学大学院工芸科学研究科教授．工学博士．2019年逝去．
専門は，高分子合成化学，有機合成化学．

斉藤　正治（さいとう　まさはる）
1952年京都府生まれ．1975年京都大学工学部石油化学科卒．
3年間，製鉄会社に勤務した後，京都府立高等学校教諭を経て，現在，前京都教育大学客員教授．
専門は，物理化学，反応速度論．

大学への橋渡し　有機化学

2006年5月15日　第1版第1刷　発行	著　者　宮本　真敏
2024年3月1日　　　　第14刷　発行	斉藤　正治

検印廃止

発行者　曽根　良介
発行所　㈱化学同人

〒600-8074　京都市下京区仏光寺通柳馬場西入ル
編集部　TEL 075-352-3711　FAX 075-352-0371
営業部　TEL 075-352-3373　FAX 075-351-8301
　　　　振　替　01010-7-5702
e-mail　webmaster@kagakudojin.co.jp
URL　　https://www.kagakudojin.co.jp
印刷・製本　　（株）ウイル・コーポレーション

JCOPY 〈出版者著作権管理機構委託出版物〉
本書の無断複写は著作権法上での例外を除き禁じられています．複写される場合は，そのつど事前に，出版者著作権管理機構（電話 03-5244-5088，FAX 03-5244-5089，e-mail: info@jcopy.or.jp）の許諾を得てください．

本書のコピー，スキャン，デジタル化などの無断複製は著作権法上での例外を除き禁じられています．本書を代行業者などの第三者に依頼してスキャンやデジタル化することは，たとえ個人や家庭内の利用でも著作権法違反です．

Printed in Japan　Ⓒ　M. Miyamoto, M. Saito　2006　　ISBN978-4-7598-1021-9
乱丁・落丁本は送料小社負担にてお取りかえいたします．